廖昂　孙维富　祝彬 ◎ 著

天正施工图 + SU 建模 + VRay 渲染

室内设计实训教程

SketchUp

化学工业出版社
·北京·

图书在版编目（CIP）数据

SketchUp 室内设计实训教程：天正施工图 +SU 建模 +
VRay 渲染 / 廖昂，孙维富，祝彬著 . —北京：化学工
业出版社，2023.3（2025.2重印）
　　ISBN 978-7-122-42733-5

　　Ⅰ . ①S… 　Ⅱ . ①廖… 　②孙… 　③祝… 　Ⅲ . ①建筑设
计—计算机辅助设计—应用软件 　Ⅳ . ①TU201.4

　　中国国家版本馆 CIP 数据核字（2023）第 006213 号

责任编辑：林　俐　刘晓婷
责任校对：王　静　　　　　　　装帧设计：韩　飞

出版发行：化学工业出版社（北京市东城区青年湖南街 13 号　邮政编码 100011）
印　　装：北京瑞禾彩色印刷有限公司
787mm×1092mm　1/16　印张 11½　字数 344 千字　2025 年 2 月北京第 1 版第 2 次印刷

购书咨询：010-64518888　　　　　　售后服务：010-64518899
网　　址：http://www.cip.com.cn
凡购买本书，如有缺损质量问题，本社销售中心负责调换。

定　　价：79.00 元　　　　　　　　　　　　　　　版权所有　违者必究

PREFACE 序言

　　随着计算机硬件与软件的不断升级发展，三维数字化技术的应用在各行各业中变得越来越广泛，尤其是BIM（建筑信息模型）在建筑、景观、室内等行业的应用变得更加普及化、标准化与智能化。从设计到施工，再到后期的运营，BIM相关的软件将成为系统化设计与管理的强大工具。

　　本书主要针对室内设计学科与行业特点，以设计项目作为主线，对设计图、施工图与效果图的绘制流程进行完整的讲解。本书中主要涉及三大软件应用：使用天正建筑软件绘制方案图与施工图，使用SketchUp软件绘制室内空间模型，使用VRay软件进行效果图渲染出图。

　　天正建筑软件是当下国内广泛使用的施工图绘制软件，集成了很多专门针对建筑与室内设计的绘图工具，能带来快速、规范的制图体验。SketchUp是建筑类行业最流行的可视化建模软件，将其应用于室内设计，也能非常方便直观地进行方案建模、设计推敲、客户交流。在渲染出图领域，VRay渲染器被称为"静帧之王"，尤其针对效果图的表现，是高质量、高效率渲染出图的有力保证。

　　本书不只讲解专业软件的使用方法，还在项目中将设计理论与设计表达有机地结合到一起，不仅要解决"怎么画"的问题，还要解决"画什么"的问题。本书主要以设计案例为导向，软件操作作为主干，形成完整的设计工作流程，为厘清设计思路，掌握绘图软件的操作方法与技巧提供有效帮助。另外，在案例的讲解过程中，特别论述了在绘图过程中如何结合设计知识进行方案推敲，希望能教会大家如何用设计软件更好地服务于设计，将设计表现与设计方法更好地融合在设计工作中。

　　作者长期从事室内设计的一线教学与项目实践工作，是教育部1+x建筑装饰装修数字化设计职业技能的高级师资与考评员。

　　本书适合普通高等院校室内设计、环境艺术设计、展示设计相关专业学生及相关领域行业人员学习使用。

CONTENTS 目录

第4章　简欧风格餐厅

第1章
绘图环境的基本设置

绘图环境需根据不同专业的特点对软件进行相应设置，以提高工作效率。天正建筑是基于AutoCAD（以下简称CAD）开发的建筑设计软件，它的绘图环境设置综合了CAD的设置和天正的设置，主要包括以下几个方面。

1.1.1　绘图界面设置

天正建筑的初始界面如下图所示。

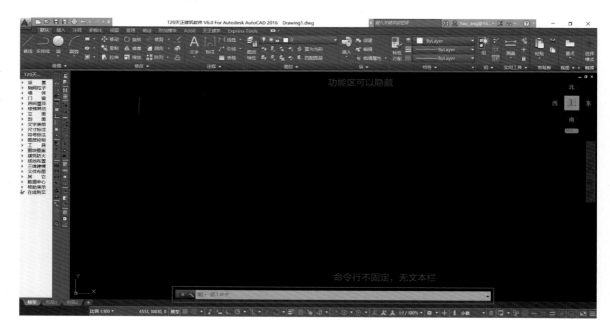

设置后的界面如下图，主要的变化是隐藏了功能区，新增了菜单栏和工具栏（标准、图层、特性），将命令行固定。隐藏功能区可有效扩大绘图空间的面积，对于笔记本电脑尤其必要。图中是基于常用命令方式设置的绘图界面，如果对于CAD命令不太熟悉，还是应该保留功能区。另外，将命令行磁吸到下方固定，增加两三行的文本栏，可看到比较完整的命令提示。

隐藏功能区的操作方式是在功能区的空白处右键，弹出菜单，点击"关闭"。

新增菜单栏的方式是点击标题栏下拉按钮，选择"显示菜单栏"。

新增工具栏的方式是点击"工具"菜单—"工具栏"—"AutoCAD"—"图层""标准""特性"，将其这时出现三条工具栏，将其放置在上方。这样就完成了界面设置，获得较大的绘图区域。

1.1.2　状态栏设置

　　状态栏上主要对"对象捕捉"进行设置。默认情况下的捕捉点类型对于日常的绘图工作是不够的，所以根据经验设置为下图所示的8种类型。这8种捕捉点类型使用频率最高，其他类型在有需要时才开启。

　　还需要注意的是，状态栏上的"栅格显示"和"捕捉"（不是"对象捕捉"，注意区分）不要开启，这两项在实际工作中会严重干扰绘图，并且很容易画出不精确的图形。

　　状态栏上的"硬件加速"应一直保持开启，同时在正常情况下应设置成如下图所示的状态。但如果文件太大，出现画面卡顿，可以关闭第一个和第二个选项来提高运行速度。

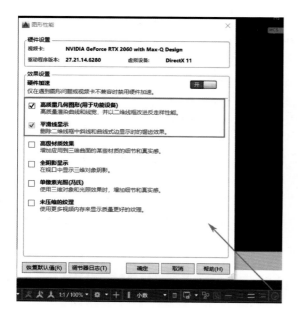

1.1.3　其他设置

　　最后进行单位设置与光标设置。在"格式"菜单下点击"单位"，设置单位为"毫米"，精度为"0"，这样能保证软件间进行文件交换时的单位一致。

　　输入命令"op"后敲击空格，弹出选项面板，将十字光标大小调为最大的"100"，这时可以看到光标变为全屏十字光标。这样做的好处是可以将光标当作屏幕上的尺子，便于迅速查看上下左右的图形是否对齐。

1.2.1 常用快捷键设置

快捷键的熟练运用是提高SketchUp（以下简称SU）绘图效率的重要技能。SU在默认状态下，有一部分工具自带快捷键，另外一些工具需要我们自己来设置快捷键。点击"窗口"菜单下的"系统设置"，弹出设置面板，可在"快捷方式"中设置快捷键 。

本书提供了一种比较优化的常用快捷键设置（见下表，表格按SU菜单栏的顺序排列），部分快捷键命名方式与CAD的快捷命令相通，便于记忆。

SU 常用快捷键设置

常用工具与命令	快捷键	是否为通用快捷键	备注
文件 / 导入	Ctrl + I		Import 首字母
编辑 / 剪切	Ctrl + X	√	
编辑 / 复制	Ctrl + C	√	Copy 首字母
编辑 / 粘贴	Ctrl + V	√	
编辑 / 原位粘贴	Alt + V		
编辑 / 删除	Delete 键	√	注意与"工具 / 擦除"命令的区别
编辑 / 删除参考线	Shift + E		
编辑 / 全选	Ctrl + A	√	All 首字母
编辑 / 取消选择	Ctrl + D	√	
编辑 / 隐藏	H		Hide 首字母
编辑 / 取消隐藏 / 最后	Shift + H		Hide 首字母

常用工具与命令	快捷键	是否为通用快捷键	备注
编辑/取消隐藏/全部	Shift＋A		All首字母
编辑/创建组件	B		CAD的创建块命令为B
编辑/创建群组	G		Group首字母
编辑/隐藏其他	Alt＋H		Hide首字母
视图/组件编辑/隐藏剩余模型	J		
视图/组件编辑/隐藏相似组件	K		
视图/隐藏物体	Ctrl＋H		Hide首字母
视图/参考线	Alt＋F		
相机/透视显示	V		Visual首字母
相机/两点透视	Alt＋N		
相机/缩放	Shift+Z		Zoom首字母
相机/缩放窗口	Alt＋W		Window首字母
相机/缩放范围（充满视口）	Z		Zoom首字母
绘图/直线/直线	L		CAD的线命令为L
绘图/直线/手绘线	Alt＋L		Line首字母
绘图/圆弧/两点画弧	A		CAD的圆弧命令为A
绘图/形状/矩形	R		CAD的矩形命令为REC
绘图/形状/圆	C		CAD的圆命令为C
绘图/形状/多边形	P		CAD的多边形命令为POL
工具/选择	空格键		
工具/擦除	E		CAD的删除命令为E
工具/移动	M		CAD的移动命令为M
工具/旋转	Q		
工具/缩放	S		CAD的等比缩放命令为S
工具/推拉	U		Push的第二个字母
工具/路径跟随	F		Follow的首字母
工具/偏移	O		CAD的偏移命令为O
工具/卷尺	T		
工具/尺寸	D		CAD的线性标注命令为DMI

1.2.2　绘图界面设置

SU默认的绘图界面是不实用的，绘图前需要对绘图界面进行调整。点击"视图"菜单中的"工具栏"，可在工具栏面板找出我们需要的工具栏，然后将它们放置在上方和左侧。红框内为常用工具栏，没有勾选的是不常用的，不用显示出来。

工作界面的右侧是操作面板，同样要将常用的面板放置在该处。点击"窗口"菜单下的"默认面板"，从中选择需要的面板，它们会自动出现在右侧。

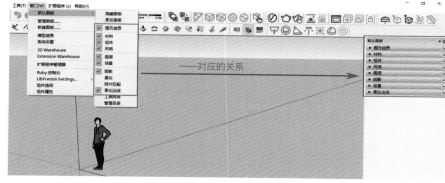

完成后的界面样式如右图所示。

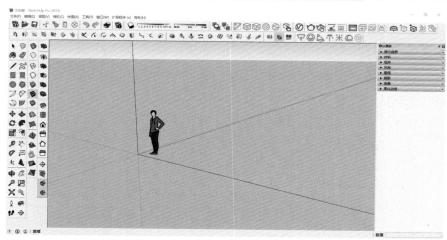

还可以通过操控工具栏的位置和默认面板的大小来调整绘图区域的纵横比，右图就是调整后的一个竖幅构图的工作区。

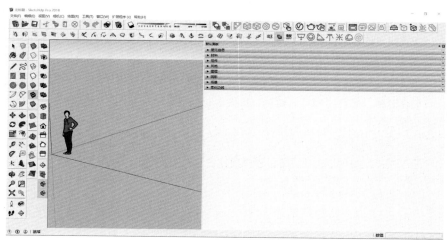

1.2.3 其他设置

还有两个对绘图影响比较大的设置。一个是系统设置中的"OpenGL",主要控制显示质量,多级采样消除锯齿倍数越高,显示质量越好,但是运行速度相应会变慢,尤其文件较大时会出现明显的卡顿,一般设置为"0"或"2×"。

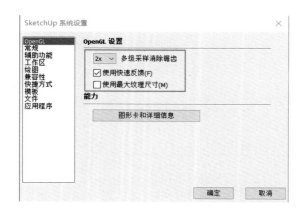

另外一个是单位设置,点击"窗口"—"模型信息"—"单位",单位设置为"mm",精确度为"0mm",长度捕捉为"10",角度捕捉为"15"。

1.3   SU工作界面

1.3.1   工具栏

（1）标准工具栏

包含新建、打开、保存、撤销、重做、打印等通用的基础命令。

（2）视图工具栏

主要用于观察场景中的模型,包含前、后、左、右、俯视、等轴6个视角。

（3）风格（样式）工具栏

控制场景中模型的显示方式,包含X光透视模式、后边线显示、线框显示、消隐显示、阴影显示、材质贴图显示、单色显示7种基本模式,有些模式可以同时使用（将两个按钮同时选中）,比如带材质贴图的X光模式。

（4）阴影工具栏

为场景中的建筑和其他物体添加阴影,并且可以通过设置时区,模拟真实地理位置在一年中不同时间的日照及投影效果。

（5）截面工具栏

用于为模型添加剖切面,展示空间内部结构,也常用于建筑生长动画的制作。

（6）沙箱（沙盒）工具栏

主要用于制作地形。制作方法有两种,第一种是通过等高线制作场地地形,第二种是根据网格制作地形。第一种方法需要获取等高线数据,比较精确;第二种方法操作比较自由,可以根据自己的想法任意创建地形。工具栏中也包含曲面拉伸、实体投射等辅助工具。

（7）实体工具栏

针对实体对象进行布尔运算,包括相交、联合、减去、拆分等实体间的"加减法"运算。

> 提示:SU中的实体要满足以下三个条件,一是单一的、无嵌套的组或组件,二是闭合的立体图形,三是该图形无任何多余线面和反转面。

（8）大工具集

集合了软件中最常用的5组工具栏,包括基础工具栏、绘图工具栏、编辑工具栏、建筑施工工具栏、相机工具栏,后面将具体介绍这些工具的使用方法。

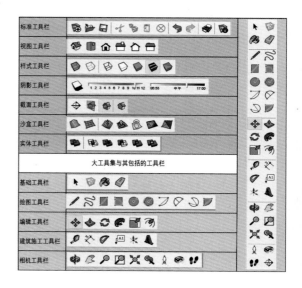

1.3.2 菜单栏

（1）文件菜单栏

除了打开、保存等常规命令外，SU 还设有"另存为模板"命令，可以将现有的场景设置保存下来，设定好模板名称和文件名，并勾选"设为预设模板"，打开软件时即可显示预设模板。

"导入"命令可以将其他相关格式的文件导入场景中，如常用的模型文件 dwg 格式和 3ds 格式，以及常用的位图文件 jpg 格式、tif 格式、png 格式等。

"导出"命令可以将 SU 的模型和场景导出为其他格式的三维模型、二维图片、二维矢量图、动画等。

（2）编辑菜单栏

除了撤销、剪切、复制等常规命令外，还包括隐藏相关的命令、组与组件相关的命令，以及参考线相关的命令，这些命令都设置了相对应的快捷键（参考第 5 页、第 6 页"SU 常用快捷键设置"）。

编辑(E)	
撤销 图层	Alt 键+Backspace
重复	Ctrl 键+Y
剪切(T)	Shift 键+删除
复制(C)	Ctrl 键+C
粘贴(P)	Ctrl 键+V
原位粘贴(A)	Alt 键+V
删除(D)	删除
删除参考线(G)	Shift 键+E
全选(S)	Ctrl 键+A
全部不选(N)	Ctrl 键+D
隐藏(H)	H
取消隐藏(E)	>
锁定(L)	
取消锁定(K)	>
创建组件(M)...	B
创建群组(G)	G
关闭组/组件(O)	
交错(I)平面	>
隐藏其他	Alt 键+H
显隐边线	
隐藏面域	
全部显示	
平面	>

（3）视图菜单栏

除工具栏设置之外，视图菜单栏的大部分命令都是针对视图显示的，比如"隐藏物体"命令可以理解为虚显被隐藏的物体，用于临时查看被隐藏的物体。

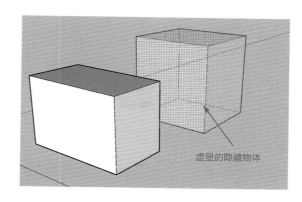

虚显的隐藏物体

三个剖切相关的命令与截面工具栏上的按钮功能是一样的，用于控制剖切显示的方式。

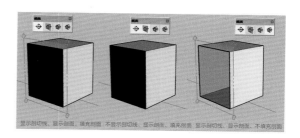

显示剖切线、显示剖面、填充剖面、不显示剖切线、显示剖面、填充剖面、显示剖切线、显示剖面、不填充剖面

"坐标轴"与"参考线"用于控制坐标和参考线的显示状态。"阴影"与"雾化"用于控制是否产生阴影与雾化效果。"边线类型"一般是在风格面板中设置，不在这里进行操作。"表面类型"与风格（样式）工具栏功能一样，下图展示了 6 种不同的显示方式。

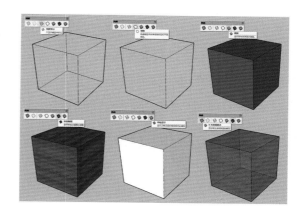

"组件编辑"中包含"隐藏模型的其余部分"和"隐藏类似的组件"，前者是控制进入当前组件编辑时，是否隐藏其他模型；后者是控制当同一组件在场景中编辑时，是否显示其他类似组件。这两个命令在建模时使用频率较高，上一节已设置了相应的快捷键（参考第 5 页、第 6 页"SU 常用快捷键设置"）。

"动画"主要使用"添加场景"来固定观察视角，"设置"与场景之间的转换状态相关。

（4）相机菜单栏

"上一个"和"下一个"用于将视图转换成曾经观察过的视角。"标准视图"与视图工具栏的效果一一对应。

"平行投影""透视显示""两点透视"这三个命令是相互关联的，是透视视图与等轴视图的切换。两点透视常用于最终出图。

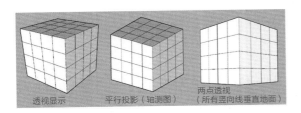

透视显示　　平行投影（轴测图）　两点透视（所有竖向线垂直地面）

"编辑匹配照片"的两个命令用于导入照片进行建模。其他命令都与大工具集中的相机工具栏中的功能一一对应。

（5）绘图菜单栏与工具菜单栏

绘图菜单栏与大工具集中的绘图工具栏以及部分沙箱（沙盒）工具栏相对应。

工具菜单栏与大工具集中的编辑工具栏、基础工具栏、建筑施工工具栏以及部分沙箱（沙盒）工具栏相对应。

（6）窗口菜单栏

"默认面板""新建面板""管理面板"这三个命令都是用于设置面板的。

"模型信息"主要用于对SU绘图环境进行设置。

"尺寸"：设置尺寸标注样式。面板中的"文本"用于设置标注文字的大小、字体与颜色；"引线"用于设置尺寸标注线的端点样式；"尺寸"用于设置标注线在视图中的显示模式。

"动画"：设置场景转换的过渡时间与暂停时间。

"统计信息"：统计场景中各种元素的名称和数量，还可以清理场景中的空图层和多余组件、材质等元素，提高运算效率。

"文本"：设置屏幕显示文本的大小与字体、引线文字的大小与字体、引线的样式。

"组件"：可以在选中某一组件时，设置其他类似组件或其余模型的显示效果，勾选"显示组件轴线"则显示每个组件的轴线系统。

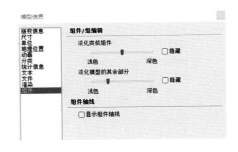

"渲染"：可解决一些由于硬件驱动等造成的贴图显示不正确的问题。

"系统设置"包含影响计算机运行速度的一些高级设置，需要预设的前面已经提到，对于初学者来说剩下的保持默认状态就可以。

"常规"：勾选"创建备份"和"自动保存"，自动保存的时间间隔越短，发生突发状况时文件丢失的就越少，但因自动保存占用大量电脑资源，产生卡顿也会越严重。因此应根据文件的大小与计算机的性能合理地设置自动保存时间。勾选"自动检查模型的问题"和"在发现问题时自动修正"，能利用软件的自动纠错修复一些模型的小问题。

"工作区"：主要用于工具按钮显示的大小选择，取消勾选后工具栏面积会缩小。工作区也可以重置SU的绘图界面。

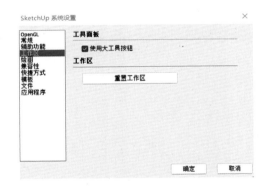

"绘图"：包含"单击样式"和"杂项"两个功能选项，一般保持默认值。

"兼容性"：主要用于非常规鼠标的输入模式，很少使用该功能。

"模板"：用于选择场景使用的模板。如将设置的场景"另存为模板"，那么在这里可以找到保存的模板。

"文件"：设置常用到的各类文件的保存路径，可以保存或导入设置好的常用路径。

"应用程序"：用来设置贴图的图像处理软件，默认状态下是系统自带的图像编辑器。

"扩展程序管理器"用于管理SU插件，单击列表中已有的插件时会显示其介绍与版本等信息。SU是一款开发式的软件，允许使用者编写插件程序，网上也有很多可提高建模效率的插件。安装时单击"安装扩展程序"，找到需要安装的插件文件即可安装。

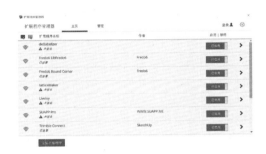

1.3.3 操作面板

（1）图元信息

显示场景中选中物体的基本信息。如果选中的是组件，也可自定义添加一些附属信息，比如价格、尺寸、所有者等。同时该面板也可以控制选中模型的隐藏、锁定、投影、接受投影等显示属性。下图为选中组件时的显示情况。

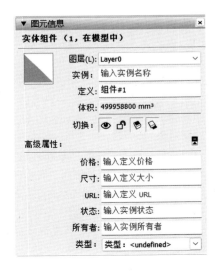

（2）材料

是SU材质调节阶段的重要操作面板，在后面的案例中会有详细的介绍。

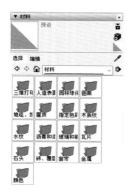

（3）风格（样式）

在风格操作面板可对整体场景和模型线面的全部显示进行设置。

"选择"标签栏下有7种预设风格，可以使场景呈现出不一样的画面效果。在建模过程中为了保证计算机的运算速度和建模效率，通常选择"预设风格"中的"普通样式"；而当建模完成后需要出图时，可以选择一些特殊的样式效果表现设计的氛围和风格。

"编辑"标签栏下包含"边线""平面""背景""水印""建模"5种设置。

"边线"设置功能如下："边线"是以细线的方式显示物体轮廓线；"后边线"是以虚线的方式显示模型被遮挡的线；"轮廓线"用于设置物体外轮廓线的粗细；"深粗线"用于设置物体其他轮廓的粗细；"出头"用于设置线条相交位置的出头效果；"端点"用于设置线条交点的大小，绘图时一般设置为2或3，便于检查线条的完整性，同时也能检查出废线和小短线，但在出图时要关闭；"抖动"选项打开时呈现出草图风格，建模时应关闭。下图为几种边线的显示效果。

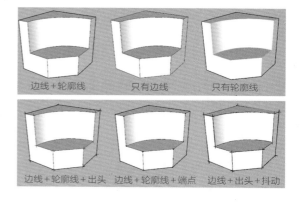

"平面"设置功能如下：设置模型正面和反面的颜色，单击色块弹出颜色调节对话框，通过色轮、HLS、HSB、RGB 4种调色模式调整颜色。"样式"设置与风格（样式）工具栏的功能相同。"材质透明度"可以设置透明状态下的显示质量。

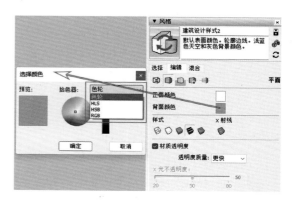

"背景"设置功能如下：设置场景中背景的颜色，不勾选"天空"与"地面"选项时，场景背景显示为纯色；勾选时，场景背景的颜色显示为天空与地面的分层效果。勾选"从下面显示地面"时，是从下方视角观察，地面颜色会被忽略。

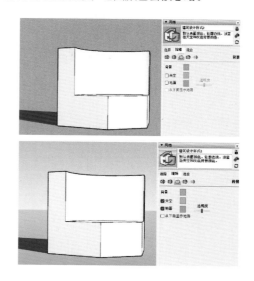

"水印"设置功能如下：允许使用者将自己的水印图片添加到模型场景中，作为标识或版权保护信息。点击"+"号可以新建水印图层，步骤如下图所示。

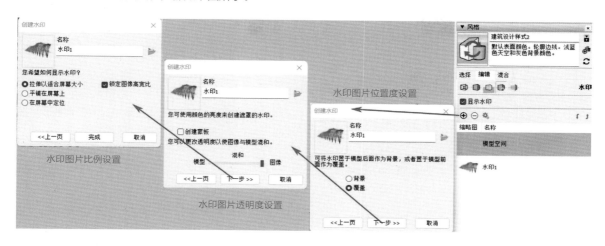

水印图片可采用透明格式的图片，比如png格式的图片，可以通过挪动上下位置，调整确定水印图片与模型空间的前后位置关系。下面两图展示了水印图片放置在场景模型前面和后面的对比效果。

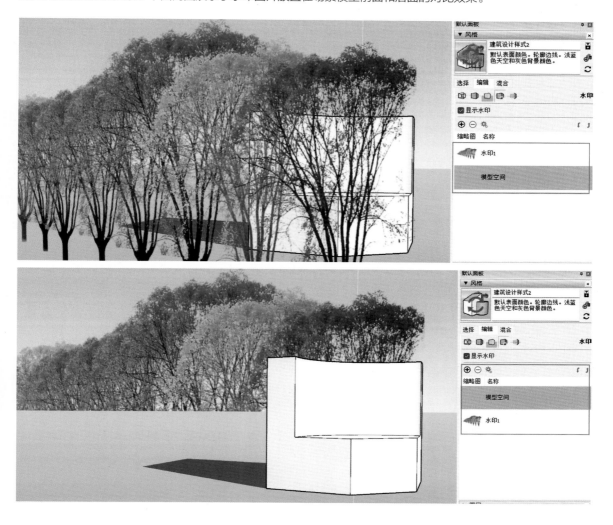

"建模"设置功能如下：一是用于设置场景内各种线面的颜色，以及剖面线的粗细；二是用于设置场景内线面的显示状态，与视图菜单栏中的大部分功能一致；三是在照片匹配建模中调整导入照片的透明度。

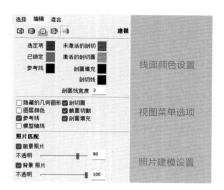

线面颜色设置

视图菜单选项

照片建模设置

（4）图层

SU的图层管理与CAD的图层管理有很多相似之处。用"+"号新建图层、设置图层是否可见、设置图层的颜色，以及可将模型放在某一个图层上。当用图层颜色进行观察时，需要在前面的建模设置中勾选图层颜色选项。在后面的案例中会详细讲解图层面板的管理方法。

（5）柔化边线

可以对选中的线条进行柔化和平滑处理。当法线角度较小时，曲面会自动出现分面，当法线角度较大时，会改变模型轮廓。

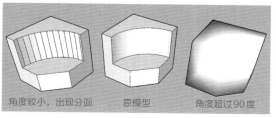

角度较小，出现分面　　原模型　　角度超过90度

基本工具主要是大工具集中的常用工具。

1.4.1　选择工具（Space）

选择工具可分为点选与框选。

（1）点选

点选时按住Shift键是加减选，按住Ctrl键是加选，同时按住Ctrl键和Shift键是减选。

点选分为单击点选、双击点选和三击点选。当双击点选的对象是线时，会选中与该线相邻的面；当双击点选的对象是面时，会选中闭合该面的线；当双击点选的对象是组或组件时，则会进入该组或组件的编辑状态。三击点选对象则会选中与该对象关联的全部模型。

（2）框选

按住鼠标进行拖曳称为框选，框选分为左框选（从左向右划框）与右框选（从右向左划框）。左框选又叫窗口选择，框线为实线，只能选中框里面的完整对象；右框选又叫交叉选择，框线为虚线，只要框线经过的对象，不论整体或部分都能被选中。

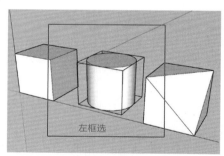

左框选

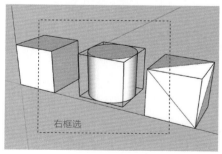

右框选

1.4.2　创建组件（B）

选中场景中多个模型元素，如两条线、两个面、一个立方体、三个球体等，就可以通过该工具创建组件。通过"常规"设置中的"定义"和"描述"可以为组件命名和添加描述性介绍。"对齐"设置中的"黏接至"一般选择无，"设置组件轴"是在组件

内部设置独立的坐标系。当组件为一个整体，与其他模型没有粘连关系时，"切割开口"自动激活。"切割开口"常用来制作墙洞、窗洞，当建好的门框或窗框定位为切割开口的组件（勾选"切割开口"选项），复制组件时，模型表面会复制组件的开口属性，自动开口。"总是朝向相机"在表现模型的某一个面正对当前视角时可勾选，该功能常用在二维的植物和人物上，使其始终正面面对当前视角。勾选"用组件替换选择内容"后，场景中的线和面直接组成一个组件，如不勾选，组件只存在于组件管理器中，视图上的对象依然保持原样。

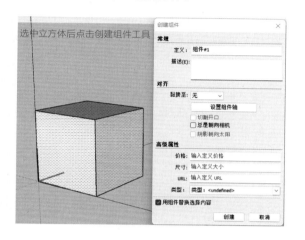

提示：组件和群组的区别：群组复制后产生的模型与原模型之间没有任何关系。而组件复制后，只要一个组件被修改，其他组件都会发生相同的变化。

1.4.3　材质（I）

使用材质工具会自动调用材料面板。材料面板的使用将在后面案例中详细讲解，这里只介绍一些赋予材质时的技巧。

相邻填充：赋予物体材质时，按住Ctrl键可以将此材质赋予与之相连并使用相同材质的表面。

替换材质：赋予物体材质时，按住Shift键可以用当前材质替换所选表面的材质。模型中所有使用该材质的物体都会同时被替换。

邻接替换：赋予物体材质时，同时按住Ctrl键加Shift键可同时实现以上两种功能，即替换物体表面时，与之相连表面同时被替换，场景中所有使用此材质的表面也同时被替换。

吸取材质：按住Alt键点击对象表面可以吸取该表面的材质，吸取后的材质可直接赋予其他表面。

1.4.4　擦除（E）

（1）擦除边线

擦除工具的对象是线，不能对单独的面进行擦除，但可以用来擦除组或组件。使用方法是点击擦除工具后按住鼠标左键拖曳，拖曳经过的线变为高亮，松开鼠标后线就被擦除了。

（2）隐藏边线

按住Shift键使用擦除工具可以隐藏边线，通过编辑菜单栏下的"取消隐藏"命令可恢复显示。

（3）柔化边线

按住Ctrl键使用擦除工具，边线将呈现柔化效果，可以通过"柔化边线"面板来恢复。

1.4.5　直线工具（L）

（1）绘制直线

选择直线工具，点击确定线段的起点，往画线的方向移动鼠标，此时数值控制框中会动态显示线段的长度。SU的直线绘制有以下三种方法。

① 线段的精确绘制：画线时，绘图窗口右下角的数值控制框中会以默认单位显示线段的长度。此时可以从键盘上输入数值，回车确定，精确地绘制一定长度的线段；

② 利用捕捉点进行绘制：SU具有强大的捕捉几何点功能，利用直线工具捕捉参考点更方便绘制。绘图窗口中会显示参考点和参考线，绿色的点为端点，青色的点为中点，蓝色的点表示在面上，红色的点表示在边上，黑色的点表示在交点上。

③ 可以按住鼠标不放，拖曳到终点处松开绘制出线段。

（2）创建表面

三条及以上的共面线段首尾相连，可以创建一个表面。在闭合一个表面的时候，会看到如下图所示的"端点"提示。创建好一个表面后，直线绘制暂时完成，但还处于激活状态，可以继续绘制其他的线段。

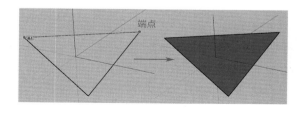

（3）分割线段

如果在一条线段上开始画线，SU会自动把原来的线段从交点处断开。如果要把一条线分为等长的两段，那么就要从该线的中点处画一条新线，再次选择原来的线段就会发现被等分为两段了。

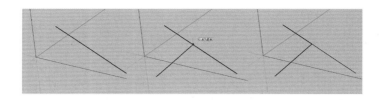

（4）分割面

如果要分割一个面，只要画一条端点在该面的边线上的线段就可以了。

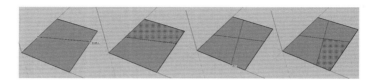

（5）参考锁定

有时可能因为不同的几何体互相干扰，不能捕捉到需要的对齐参考点。这时可以按住 Shift 键锁定需要的参考点。例如移动鼠标到一个表面上，等显示"在表面上"的参考工具提示后，就按住 Shift 键，以后绘制的线就会锁定在这个表面上。

（6）等分线段

线段可以等分为若干段。选择线段，在右击菜单中选择"拆分"。

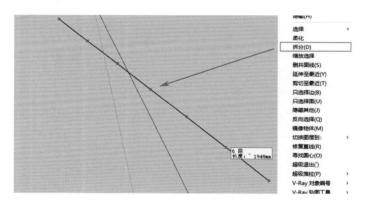

1.4.6　手绘线（Alt+L）

手绘线工具允许以多义线曲线（由若干条直线段与曲线段组合成的连续线条）绘制不规则的共面的连续线段或简单的徒手曲线。

（1）绘制多义线曲线

选择手绘线工具，在起点处按住鼠标左键，然后拖动鼠标进行绘制，松开鼠标左键结束绘制。绘制闭合的形体时，只要在起点处结束线条绘制，SU 会自动闭合形体。

（2）绘制徒手曲线

徒手曲线不能产生捕捉参考点，也不会影响其他几何体。在用手绘线工具绘制之前按住 Shift 键即可。如果要把徒手曲线物体转换为普通的边线物体，只需在编辑菜单栏中选择"炸开"。

1.4.7　矩形工具

（1）绘制普通矩形（R）

选择矩形工具，点击确定矩形的第一个角点，移动光标到矩形的对角点，点击完成。

（2）绘制方形与黄金分割矩形

选择矩形工具，点击确定矩形的第一个角点，将鼠标移动到对角，当出现蓝色虚线对角线时，点击结束，创建出一个方形或黄金分割矩形。

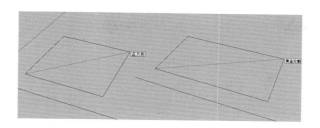

（3）矩形的精确绘制

绘制矩形时，矩形尺寸在右下角的数值控制框中动态显示。可以在确定第一个角点后或者刚画好矩形之后，通过键盘输入精确的数据尺寸。如果只输入数字，SU会使用当前默认的单位设置。也可以为输入的数值指定单位，SU会自动进行换算。也可以只输入一个尺寸，如果输入一个数值和一个逗号（100,），表示只将第一个尺寸改为100，第二个尺寸不变；如果输入一个逗号和一个数值（,100），就是只将第二个尺寸改为100。

（4）旋转矩形工具

普通矩形的绘制始终与坐标轴保持一致，当需要绘制一个任意方向的矩形时，可以采用旋转矩形工具。选择旋转矩形工具，点击第一个角点出现角度辅助，点击第二个角点得到一条矩形边，松开鼠标后移到合适的位置，再次点击鼠标，完成绘制。旋转矩形绘制时，可以在水平面上，也可以不在水平面上，具体的位置要观察绘图辅助线的提示。

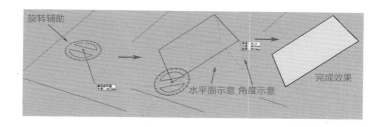

1.4.8　圆（C）

（1）画圆

选择圆形工具，光标处会出现一个圆，点击确定圆心位置，从圆心往外移动鼠标定义圆的半径，再次点击鼠标结束画圆命令。如果要把圆放置在已经存在的表面上，可以将光标移动到那个面上，SU会自动将圆与表面对齐。刚画好的圆其半径和片段数都可以在数值控制框中进行修改。

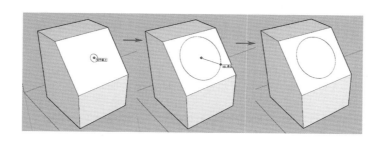

（2）圆的精确绘制

画圆的时候，圆的半径和构成圆的片段数在右下角的数值控制框中动态显示，可以在这里输入精确的数值。推荐的操作方法是先画后改，即完成画圆命令后再输入数值。指定半径是在数值控制框直接输入需要的半径长度并回车确定。指定片段数是在数值控制框输入数值后加上字母"s"，如圆的片段数是48，则输入"48s"，画好圆后也可以指定片段数。片段数的设定会保留下来，后面绘制的圆默认采用同样的片段数。

> **提示：** SU中所有的曲线都是由线段组成的。用圆形工具绘制的圆，实际上是由线段围合而成的。圆的片段数越多，曲面看起来就越平滑。但是，较多的片段数也会使模型变大，从而降低系统性能。较少的片段数结合柔化边线和平滑表面也可以取得平滑的几何外观。圆上的参考捕捉技术针对的就是圆的片段。

1.4.9 多边形（P）

多边形工具可以绘制3~100条边的正多边形。多边形的绘制方法与圆的绘制方法相似。刚激活多边形工具时，数值控制框显示的是边数，此时可直接输入边数。绘制多边形的过程中或绘制好之后，数值控制框显示的则是半径（多边形半径是指多边形外接圆的半径），此时如果想输入边数，要在输入的数字后面加上字母"s"，例如绘制六边形可输入"6s"，下一次绘制默认采用上一次指定的边数。

1.4.10 圆弧工具

SU有三种绘制圆弧的工具。

（1）圆心圆弧

选择圆心圆弧工具，这时会出现角度辅助标识，点击指定圆心位置，根据角度辅助标识指定圆弧起点，也可以输入圆弧半径直接获得辅助线方向上的起点。接下来绕圆心绘制出圆弧，到达圆弧终点后点击左键完成。在绘制过程可以设置圆弧的片段数，也是在片段数后面加上"s"。

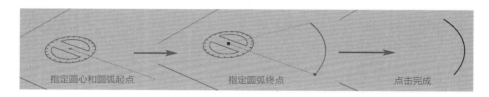

（2）两点圆弧（A）

选择两点圆弧工具，点击指定圆弧起点，再点击指定圆弧终点，两点之间的距离可以在数值控制框中输入。然后移动鼠标指定圆弧方向，可在数值控制框中输入精确的弧高，也可用左键直接指定位置。在绘制过程可以设置圆弧的片段数，也需要在数值后面加上"s"。

（3）三点圆弧

选择三点圆弧工具，点击指定圆弧起点，再点击指定圆弧的第2个点，两点之间的距离可以在数值控制框中输入。接下来指定圆弧的第3个点，可在数值控制框中输入该圆弧的角度，也可用左键直接指定位置。在绘制过程可以设置圆弧的片段数，也需要在数值后面加上"s"。

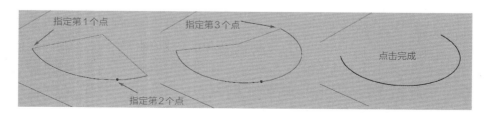

（4）扇形

扇形的绘制方法与圆心圆弧的绘制方法一致，只是圆心圆弧绘制的是一段弧线，而扇形是将弧线与端点的两个半径围合成一个扇面。

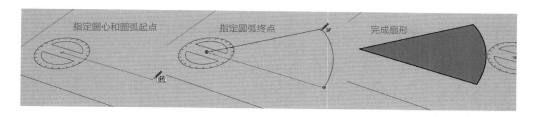

指定圆心和圆弧起点　　　指定圆弧终点　　　完成扇形

1.4.11　移动工具（M）

移动工具可以移动、拉伸和复制几何体。

（1）移动几何体

首先用选择工具指定要移动的元素或物体，然后点击移动工具确定移动的基点。移动鼠标，选中的物体也会跟着移动，移动的起点和终点之间会出现一条参考线，数值控制框会动态显示移动的距离，这时可以输入数值精确控制移动距离。再次点击确定完成移动，也可以完成时立刻输入数值控制移动距离。

（2）复制几何体

点击移动工具，同时按住 Ctrl 键，移动光标出现"+"号后，可对物体进行复制。输入复制份数创建多个副本，例如输入"3x"，就会复制3份，加上原物体，场景中一共有4个物体，如下图所示。另外，也可以输入一个等分值来等分副本到原物体之间的距离，例如输入"5/"，会在原物体和副本之间创建4个副本，这样总共有6个物体将这段距离等分成5份。

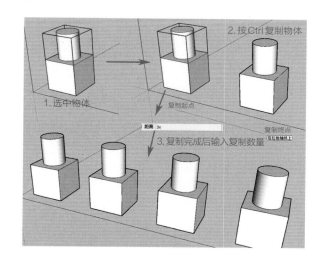

1.选中物体　　　复制起点　　　2.按Ctrl复制物体

距离 3x　　　复制终点

3.复制完成后输入复制数量

（3）拉伸几何体

当选中几何体上的一部分元素进行移动时，SU 会对几何体进行相关的拉伸。可以用这个方法拉伸表面和边线。选中表面，激活移动工具，沿红轴或蓝轴方向移动。

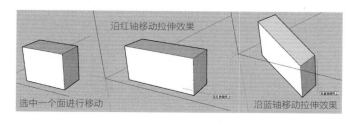

选中一个面进行移动　　　沿红轴移动拉伸效果　　　沿蓝轴移动拉伸效果

选中共面的线，激活移动工具，沿蓝轴方向进行移动，这时面与面之间发生拉伸与折叠。

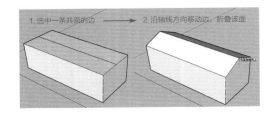

提示：拉伸时，如果无法朝着一个方向移动，或是产生破面的情况，可按住Alt键，强制开启自动折叠功能。

（4）无选择移动

如果没有选择任何物体的时候激活移动工具，这时移动光标会自动选择光标处的任何点、线、面或物体。用这个方法可以对几何体的端点进行移动。如下图所示，先激活移动工具，将光标放在上表面十字交叉处，按住Alt键，沿蓝轴向上移动，这样上表面的4个面就被强制折叠，形成一个四棱锥体。

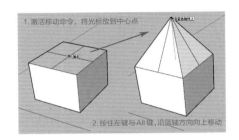

（5）移动时锁定参考

在进行移动操作之前或移动的过程中，可以按住Shift键来锁定参考。这样可以避免参考捕捉受到其他几何体的干扰。

1.4.12 旋转工具（Q）

旋转工具可以旋转单个或多个物体，甚至某个物体的一部分。旋转物体的一部分时，会对物体造成变形或扭曲。

（1）旋转几何体

首先用选择工具选中要旋转的元素或物体，然后激活旋转工具，光标处会出现旋转量角器，可以对齐到边线和表面上。利用SU的捕捉特性精确定位旋转中心，点击锁定量角器的平面定位。接下来点击确定旋转的起点，移动光标物体开始旋转。如果开启了参数设置中的角度捕捉功能，会发现在量角器范围内移动光标时有角度捕捉的效果，光标远离量角器时就可以自由旋转了。最后旋转到需要的角度后，点击完成旋转操作。可以在数值控制栏输入数值精确控制旋转角度，输入负值表示向相反方向旋转。

（2）旋转复制

和移动工具一样，点击旋转工具的同时按住Ctrl键可以进行旋转复制。用旋转工具复制好一个副本后，还可以用多重复制创建环形阵列。在数值控制框中输入复制份数或等分数，"5x"表示复制5份，"5/"表示将原物体和第一个副本之间的旋转角度5等分。下图为8等分的环形阵列，输入旋转角度"360°"，等分数"8/"，但是完成后原物体和复制后的物体会有重合，因此要删除一个多余的物体。

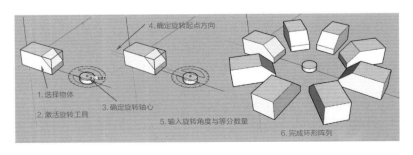

（3）旋转扭曲和自动折叠

当只旋转物体的一部分时，可以使几何体变形或扭曲。如果旋转导致一个表面被扭曲或变成非平面时，将激活 SU 的自动折叠功能，如下图所示。

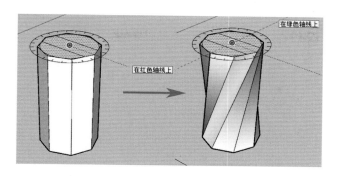

1.4.13 推拉工具（U）

推拉工具可以用来移动、挤压、结合和减去表面，是建模中使用非常频繁的工具。

（1）推拉平面

有两种操作方法：一是先激活推拉工具，再对光标所在平面进行操作，在平面上按住鼠标左键拖曳，松开；二是先选择平面，再用推拉工具进行操作。推拉完成后可在数值控制框中输入精确的推拉值，也可以输入负值，表示向相反的方向推拉。

根据推拉方向的不同，SU 会进行相应的几何变形，包括移动、挤压或挖空。如果在一面墙或一个长方体上绘制一个闭合图形，用推拉工具往实体内部推拉这个图形，会形成一个凹洞。如果前后表面相互平行，就可以将其完全挖空，SU 会自动减去挖掉的部分，形成一个空洞。

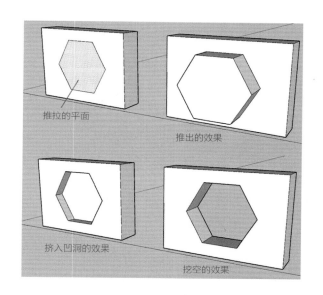

> 提示：推拉工具只能作用于平面，不能在线框显示模式下工作，不能对曲面进行推拉。

（2）重复推拉

完成一次推拉操作后，双击其他物体可以自动重复与上一次数值相同的推拉操作。

（3）保留原平面进行推拉

使用推拉工具时，按住 Ctrl 键会在保留原平面的基础上进行推拉，形成新的造型。如下图所示，在透明模式下可以看到新生成平面的推拉会保留原平面。

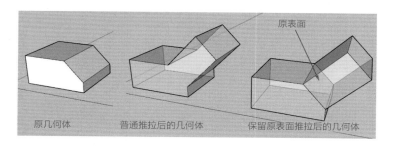

1.4.14　路径跟随（F）

路径跟随工具可以理解为利用闭合图形与路径线段，放样产生几何体的建模方式。

（1）手动路径跟随

使用路径跟随工具手动挤压成面的步骤如下：首先激活路径跟随工具，出现路径跟随光标；然后点击需要放样的截面，并按住鼠标左键不放；接着移动光标沿着路径进行放样，沿模型移动光标时，边线会变成红色；到达路径的终点后松开鼠标左键，完成放样。

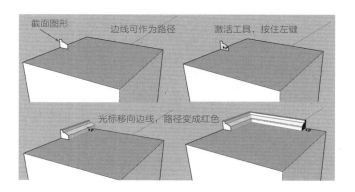

（2）选择路径进行放样

使用选择工具预先选择路径可以帮助放样工具沿正确的路径放样，步骤如下：首先选择作为路径的连续边线，然后激活路径跟随工具，最后点击需要放样的截面，完成放样（下左图）。

（3）选择面进行放样

也可以选择由边线围合成的面作为路径，然后用路径跟随工具进行放样。步骤如下：首先选择路径围合的面，然后激活路径跟随工具，最后点击需要放样的截面，完成放样（下右图）。

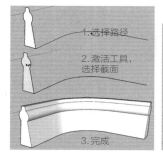
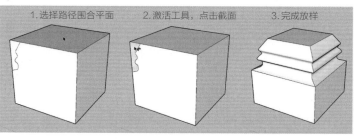

（4）车削

使用路径跟随工具沿圆形的路径可以创造车削几何体，以圆锥体为例进行讲解，步骤如下：首先绘制一个圆，以圆的边线作为路径；然后绘制一个垂直于圆的三角形；接着选择圆作为路径；最后激活路径跟随工具，点击三角形截面，完成车削。

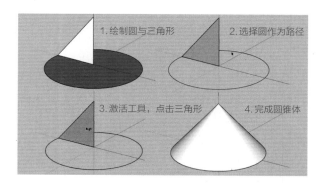

1.4.15 缩放工具（S）

缩放工具可以缩放或拉伸选中的物体，但不能对边线进行操作。

（1）缩放几何体

先用选择工具选中要缩放的物体，然后激活缩放工具，点击缩放夹点移动光标调整大小。缩放时默认是以所选夹点的对角夹点作为缩放的基点，如下图所示，不同的夹点支持不同方向上的缩放。也可在数值控制框输入缩放比例，当数值为负时，表示与当前缩放方向相反，数值为-1时，可以作为镜像工具使用。

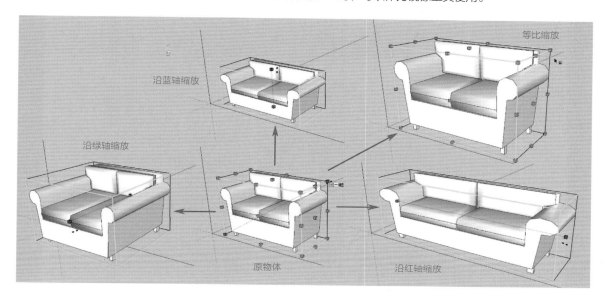

（2）缩放辅助键

可以配合相关辅助键进行缩放：按住Ctrl键是以物体的中心为基点进行缩放；按住Shift键为自由缩放，也叫非等比缩放；同时按住Ctrl键和Shift键是以物体的中心为基点进行非等比缩放。

（3）部分缩放

部分缩放是指选择缩放的元素是几何体的一部分，可以是一个面或几个面，缩放时SU会根据情况自动折叠几何体。下图为使用缩放工具将圆柱体变为圆台体。

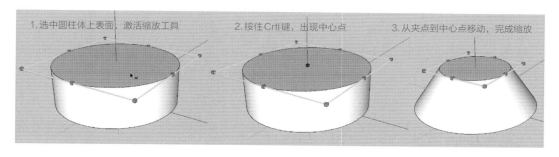

（4）缩放组件

缩放组件和缩放普通的几何体是不同的。在组件外部对整个组件进行缩放并不会改变其属性，只是缩放了该组件的一个关联组件，其他关联组件保持不变，这样可以得到同一组件的不同缩放比例的版本。在组件内部进行缩放会修改组件的属性，所有的关联组件都会相应地进行缩放。

可以直接对群组进行缩放，因为群组没有关联性。

1.4.16 偏移工具（O）

偏移工具可以对面或一组共面的线进行偏移复制，可以将表面边线偏移复制到原表面的内侧或外侧。注意偏移工具只能在面上操作，且一次只能选择一个面。

（1）面的偏移

面的偏移是将围合成面的边线统一进行偏移复制，具体操作步骤如下：首先用选择工具选中要偏移的表面；然后激活偏移工具，点击后光标会自动捕捉该面的围合边线；接着移动光标进行偏移；最后点击完成偏移。在偏移过程中可以在数值控制框输入偏移距离，也可完成后输入。

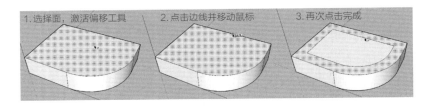

（2）线的偏移

线的偏移与面的偏移操作方法类似，线需要是共面的连续线，偏移前注意要将整段线全部选中。

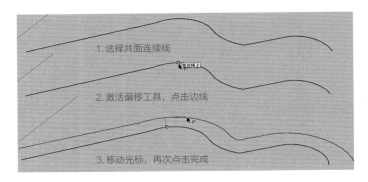

（3）连续偏移

偏移工具能保留上一次的偏移数值，当需要多次进行相等偏移距离的操作时，可以直接激活偏移工具，双击需要偏移的面即可。

1.4.17　卷尺工具（T）

卷尺工具用于测量两点间的距离和创建辅助线。

（1）测量距离

使用方法和真实的卷尺相似，先激活卷尺工具，点击测量距离的起点，然后往测量方向拖动。这时光标会拖出一条临时的"测量带"，数值控制框会动态显示"测量带"的长度。再次点击确定测量的终点，最后测得的距离会显示在数值控制框中。

（2）创建辅助线

辅助线在绘图时非常有用。可以用卷尺工具在参考元素上点击，然后拖出辅助线。例如，从"在边线上"开始，可以创建一条平行于该边线的无限长的辅助线（下左图）；从端点或中点开始，可以创建一条端点带有十字符号的辅助线段。下右图为在墙体上用卷尺工具定位门窗尺寸。

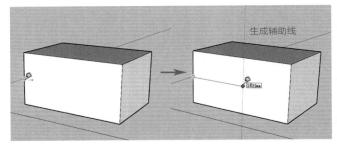
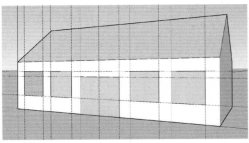

1.4.18 尺寸标注（D）

尺寸标注工具的使用需要基于3D模型，不能单独画出标注线。如右图所示，边线和点都可用于标注。适合的标注点包括：端点、中点、边线上的点、交点，以及圆或圆弧。进行标注时，有时可能需要旋转模型使标注位于便于观察的方向。所有标注的全局设置可以在参数设置对话框中的尺寸标注中完成。

（1）线性标注

激活尺寸标注工具，点击要标注的两个端点，然后移动光标拖出标注，再次点击确定标注的位置。如果是对一条边线进行标注，可以直接点击边线。如果没有合适的端点进行标注，可以绘制辅助线产生交点，标注完成后删除辅助线。

（2）半径标注与直径标注

激活尺寸标注工具，点击要标注的圆弧或圆，然后移动光标拖出标注，再次点击确定标注的位置。默认情况下为直径标注，如果需要半径标注，可以在标注上右击调出右键菜单，选择"类型"—"半径"。

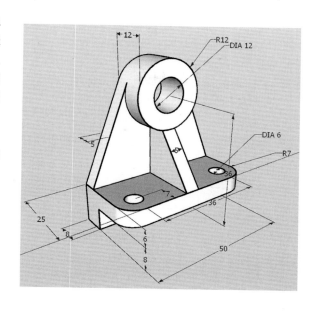

1.4.19 文字工具

文字工具用来将文字插入场景中或物体上。

（1）文字标注工具

先激活文字标注工具，并在实体上点击指定箭头的位置，然后拖动引线点击放置文字，最后在文字输入框中输入文字内容。

文字标注的效果可以通过右键菜单进行修改编辑，可针对文字内容、箭头、引线分别进行修改。引线有三种形式：隐藏、基于视图、固定。基于视图的引线会与屏幕保持平行关系，固定的引线会随着视图的改变而和模型一起旋转。文字标注也可以在参数设置对话框的文字标签中设置。

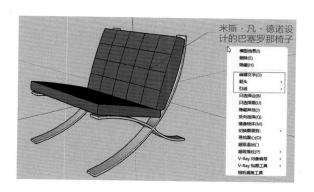

（2）三维文字工具

激活三维文字工具，在屏幕的空白处点击弹出"放置三维文本"窗口。然后在窗口中对三维文本进行编辑。编辑完成后，将三维文字移动到需要的位置，点击进行放置。

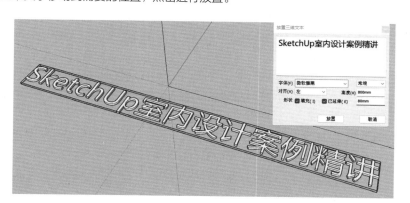

1.4.20　坐标轴工具

坐标轴工具可以在模型中移动绘图坐标轴，方便在斜面或斜线方向上快速建构矩形物体，更准确地缩放那些不在坐标轴平面的物体。如右图所示，在斜面上重新指定坐标轴，方便在斜面上进行建模操作。

操作方法如下：首先激活坐标轴工具，这时光标处会出现一个红色、绿色和蓝色的坐标符号，它会在模型中捕捉参考点；然后移动光标到要放置新坐标系的原点，点击确定；接着移动光标对齐红轴的新位置，点击确定；最后移动光标对齐绿轴的新位置，点击确定，完成新坐标轴的定位。

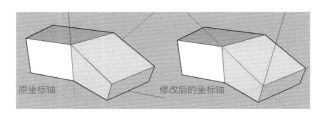

原坐标轴　　　　修改后的坐标轴

1.5　VRay 工作界面

1.5.1　VRay 工具条

VRay 安装完成后，会出现4个工具栏，分别是 VRay 主工具栏、VRay 灯光工具栏、VRay 物体工具栏、VRay 实用工具栏。下面从左至右分别介绍每个工具的功能。

（1）VRay 主工具栏

资源管理器：点击后打开 VRay 资源管理器。

渲染：点击后自动弹出窗口对当前视口进行渲染。

交互式渲染：点击后自动弹出窗口进行交互式渲染，当场景发生变化，渲染窗口也会发生相应的变化并进行渲染。适用于需要进行适时渲染的场合。

视口渲染：将 SU 的场景视口作为渲染窗口，不出现独立的渲染窗口，很少使用。

视口区域渲染：开启视口渲染后，在视口中框选区域进行渲染，很少使用。

帧缓存窗口：点击后打开帧缓存窗口，具体用法将在后面的案例中展示。

批量渲染：可进行批量渲染，开启前需要在资源管理器中设置批量渲染的路径。

云渲染：在云端服务器上进行渲染，很少使用。

锁定相机方向：移动视角时，交互式渲染暂停工作。

（2）VRay 灯光工具栏

VRay 共提供了7种不同的灯光类型，分别是平面灯、球形灯、聚光灯、IES 灯、泛光灯、穹顶灯、网格灯，具体使用方法与使用场合将在后面的案例中逐一进行介绍。

（3）VRay 物体工具栏

无限平面：可在场景中生成一个矩形网格，被渲染时这个矩形将会是一个无限平面。

输出代理物体：将场景中的组件转换为代理物体并保存，可设置代理后的精简状态进行控制。

导入代理物体：将代理物体导入场景中，使用代理物体会极大地减少建模时的运算负荷，加快建模速度，并且不影响渲染质量。

VRay毛发：选择SU的模型后点击，可将模型变为一个被毛发覆盖的物体，渲染时呈现出毛发的效果，可在资源管理器中调整毛发的参数。

VRay剖切：选择SU的模型后点击，可将模型变为一个剖切物体。

（4）VRay实用工具栏

实体控件：控制场景中的VRay物体是以实体还是线框的模式进行显示。

隐藏VRay实体控件：控制是否显示场景中的VRay物体。

删除材质、平面投影、自适应平面投影、球体投影、自适应球体投影：这5个工具都用于材质贴图管理，将在后面案例中进行介绍。

场景交互工具：点击激活后用于检查场景层级、材质、VRay对象的ID分配。

1.5.2　VRay 资源管理器界面

VRay资源管理器打开后，顶部有6个标签，可以管理VRay的参数设置和场景对象，从左到右依次介绍如下。

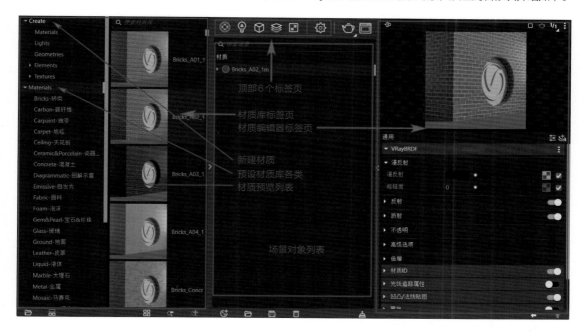

（1）材质编辑器

点击后可以预览和编辑材质。下方为场景材质列表，陈列了场景中所有的材质，与SU的场景材质是一一对应的关系。右侧展开是材质设置标签页，可以编辑当前选中的材质。左侧展开是材质库，分为材质类型与材质列表，可以选用创建新材质进行编辑，也可以直接选用预设材质。

（2）灯光编辑器

管理场景中的灯光。默认会有一盏VRay太阳光。选中下方场景灯光列表，右侧会自动变为灯光设置标签页。

（3）几何体编辑器

管理场景中所有VRay特有的几何体对象，比如VRay毛发、VRay剖面等，选中后右侧自动变为该对象的设置标签页。

（4）渲染元素编辑器

可对设置的各类渲染元素进行调整和组合。

（5）纹理编辑器

管理场景中的贴图。可以在这里编辑VRay自带的程序贴图。

（6）设置面板

提供控制场景渲染效果的各种参数。此外，资源编辑器还提供了一个渲染按钮和帧缓存按钮，功能和VRay工具栏类似。具体的灯光、材质、渲染的方法技巧将在后面的案例中展示。

1.6.1 SUAPP 基础版

SUAPP是基于SU的建筑插件集合，有很多简单实用的功能，能极大地提高建模速度。安装后会自动生成独立工具栏，常用到的功能有拉线成面、线转栏杆、直线修复、焊接线条、查找线头、线倒圆角、Z轴归零、镜像物体、联合推拉（曲面推拉）、材质替换、场景清理等，如下图所示。相关的操作会在后面的章节中具体讲解。

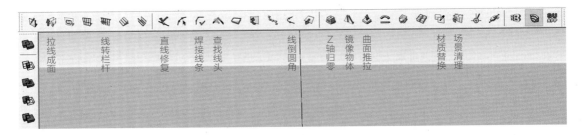

1.6.2 Round Corner

Round Corner是对物体的边进行倒角的插件，主要用于家具的精细化建模。可以使物体的直边自动生成倒角或圆角的效果，能极大限度地减少手动倒边的工作量。具体的操作会在后面的家具建模中讲解。

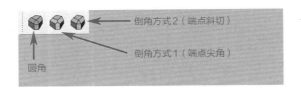

第2章
现代风格客厅

　　现代风格也称作现代主义风格，起源于德国魏玛的包豪斯、荷兰风格派和俄国构成主义。现代风格是在工业化生产下，对于建筑形式与功能进行完美结合的一种设计形式。现代风格室内空间设计的主要特点是：空间布局上强调功能优先的原则；家具布置上最大限度地体现与空间的整体协调；造型方面多采用几何结构，以块面化的造型为主，摒弃多余的装饰线条；构造形式推崇较新的材料与工艺；色彩与材料的运用以流行色为主，同时强调材料本身的特点。

本案例的户型是一个三居室，面积约102m^2，户型平面图如下图所示，设计要求如下。

a.设计风格为现代简约。

b.设置两间卧室，一间多功能室，尽可能设置更衣间。

c.卫生间干湿分区。

d.大阳台封窗，增大客厅面积。

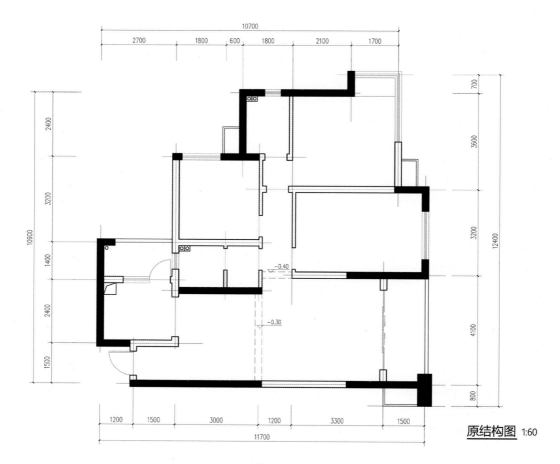

原结构图 1:60

2.2.1　绘制原始平面图

在实际工作中，原始平面图是依据现场测量数据为标准绘制的。在量房之前，业主一般会提供原始户型图，测量人员根据原始户型图对照实际测量数据进行现场标注以获得准确的测量尺寸。在测量过程中，除了测量平面数据之外，还应该测量竖向的尺寸，比如窗的高度、窗台高度、阳台地台高度、梁的高度、卫生间沉箱高度等。另外还应该标注出下水管、空调外机位、烟道等设施的位置。总之，现场测量应尽可能完整准确，避免由于测量问题导致的返工。

> **提示：** 在绘制原始平面图的过程中，应将实际尺寸与建筑模数相结合，以轴线为基准进行取整绘制。切记不能以墙线开始绘制，最后很可能导致空间数据无法闭合。

具体的绘制步骤如下。

（1）绘制轴网

打开天正建筑，建立一个新文件，点击"绘制轴网"工具按钮，根据平面图的尺寸，输入下开间与右进深的数据。输完数据后，将轴网放置在绘图区。

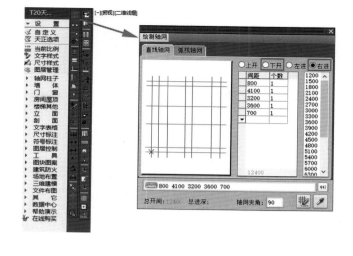

接下来，使用偏移（O）命令和夹点操作，沿顺时针或逆时针方向将每个房间——划分出来。

> 提示：这里之所以不在"绘制轴网"工具中全部输入上下开间和左右进深，是因为这样一来轴线就会密密麻麻非常多，尤其对于初学者，在划分房间的时候很容易出错。

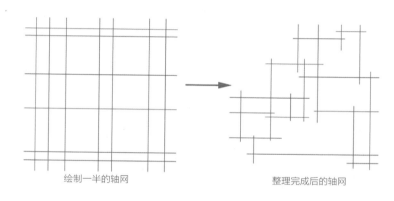

绘制一半的轴网　　　　　　整理完成后的轴网

（2）绘制墙体与柱子

点击"墙体"工具按钮，参照平面图中墙体在轴网中的位置，绘制墙体。绘制时注意三点。第一，分清楚墙体与轴线的位置关系，一般情况下轴线是墙体中线，但有时轴线是墙的边线，这种情况我们称之为轴线偏心。第二，分清楚墙体的厚度，本案例中墙体有两种厚度，即240mm和120mm，就是我们通常所说的24墙与12墙。如果墙体厚度是240mm且轴线居中，那么设置时左宽为120mm，右宽为120mm。第三，绘制墙体时，不需要预留门窗的洞口，后面使用"插入门窗命令"后，墙体会自动在门窗处断开。

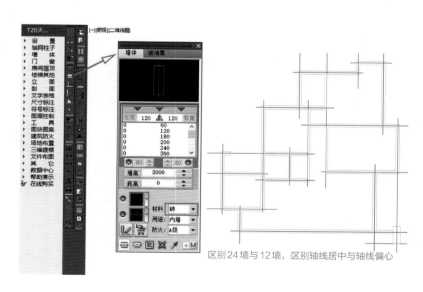

区别24墙与12墙，区别轴线居中与轴线偏心

> 提示：切记！先有墙体才能画门窗。

本案例中右下角有一个柱子，使用"标准柱"工具按钮，绘制1200mm×500mm的柱子。注意柱子与轴心的关系是左右250mm，上400mm，下800mm。

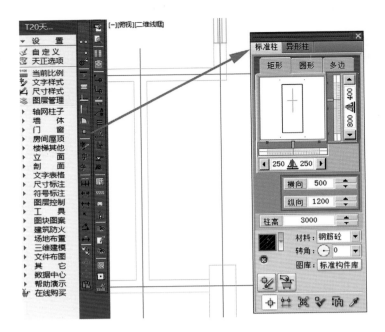

本案例中被填充成黑色的墙表示承重墙，承重墙的填充需要进行设置。在命令面板"设置"—"天正选项"—"加粗填充"中勾选"对墙柱进行图案填充"，确定后承重墙将会以填充模式显示。

设置完成以后，点击"墙体"工具按钮或者双击墙体弹出"墙体"面板，将原本的砖墙材料改为混凝土，这时承重墙部分自动填充上黑色。

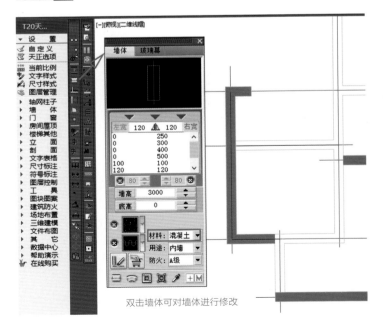

双击墙体可对墙体进行修改

同一段连续墙既有承重墙又有砖墙时，需要重新绘制。通过墙的夹点操作很方便就能获得需要的承重墙段。完成后的墙体如右图。

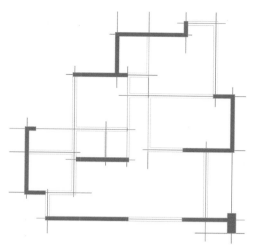

（3）绘制阳台、空调位

本案例中有两个阳台，两个阳台都是凹阳台的形式。点击命令面板"楼梯其他"—"阳台"，出现"绘制阳台"面板，设置参数如右图。这里要注意，绘制阳台是在外墙边线上画线，"伸出距离"指阳台边到外墙边的距离，一般不用先计算距离，而是画完以后再拖动夹点来确定位置。接下来切换到阳台的图层，用画线工具绘制空调外机位置。

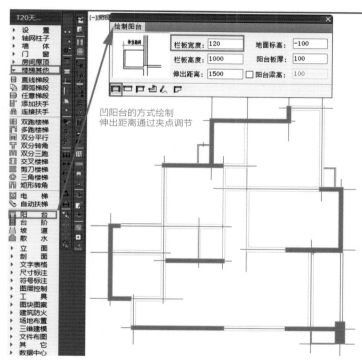

凹阳台的方式绘制
伸出距离通过夹点调节

（4）绘制门窗洞口

户型的围合结构完成后，开始插入门窗洞。一般说来，门和门洞有宽度和高度两个尺寸，窗有宽度、高度、窗台高度三个尺寸，应按照测量数据取整插入。点击"门窗"工具按钮，弹出"窗"面板，以墙段等分插入的方式插入普通窗户。

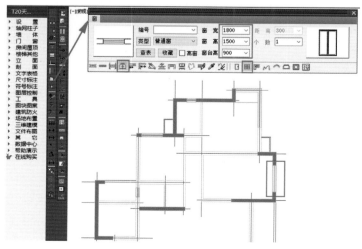

户型右上角的转角窗的绘制方法为：点击命令面板"门窗"—"转角窗"—"绘制角窗"，输入角窗竖向参数，接下来根据命令行的提示，先点取墙角，后点取两边墙段的距离，完成转角窗的绘制。

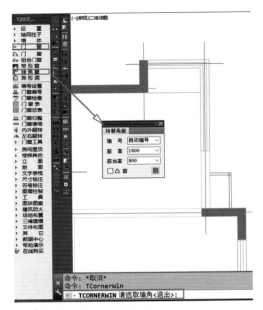

门的绘制方法与窗相似，本案例中有三种类型的门，一是入户的平开门，二是客厅到阳台的推拉门，三是厨房到生活阳台的门连窗。本案例中的平开门与推拉门是墙段等分插入的方式，门连窗是垛距插入的方式，具体参数与绘制方法如右图。

提示：如果在插入门后出现方向相反的情况，可以通过选择门—右键—左右翻转或内外翻转进行修改。

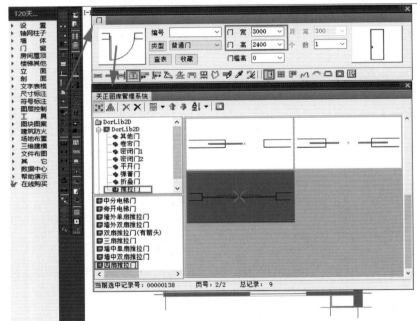

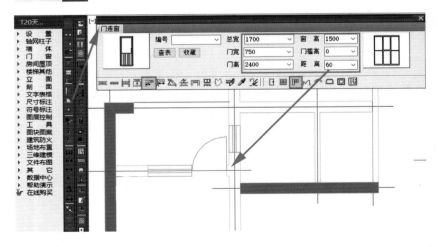

一般情况下，清水房的内部是没有门的，所以原始平面图上内部房间的门都是以门洞的形式出现，插入门洞的方式与插入门窗的方式类似。门洞如果是距垛插入的方式，垛的距离一般取100mm，最小垛距为60mm。

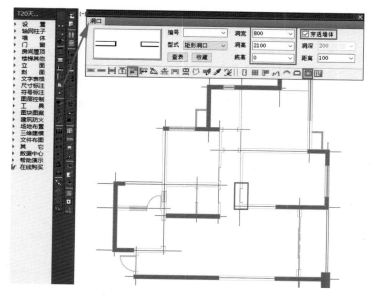

（5）绘制下水管、烟道、可见梁

接下来绘制下水管、烟道、可见梁。绘制前设置两个图层，打开"图层管理器"（la），点击"新建图层"按钮，新建图层改名为"WALL2"，颜色设为8号。将"3T_GLASS"层线型设为DASH线型（虚线）。

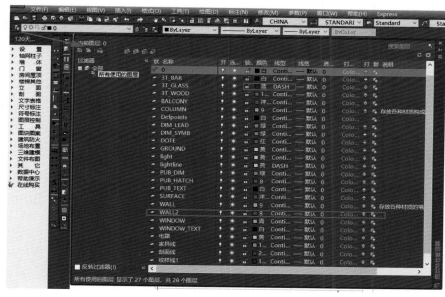

在"WALL2"图层上绘制下水管与烟道，本案例中双管下水管包管尺寸为400mm×200mm，烟道尺寸为450mm×450mm，在"3T_GLASS"图层上绘制可见梁。

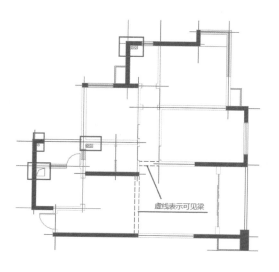

虚线表示可见梁

（6）绘制图框和确定比例

　　天正建筑中提供了图框插入的工具，但在实际工作中，每个公司都有自己的标题栏和会签栏样式，所以我们以复制的方式插入一张图框。插入图框前，首先应该确定图纸的大小。家装图纸通常选用A3和A4大小的图纸。本案例中插入A3图框，插入后发现图框比图形小很多，这时放大图框大小，将图形套入图框。图框放大的倍数，即是该图纸的比例。

> 提示：放大倍数应遵循规范要求，不能任意设置比例。室内图纸的比例规范详见下表。

室内图纸的比例规范

常用比例	1：1、1：2、1：5、1：10、1：20、1：50、1：100、1：150、1：200、1：500
可用比例	1：3、1：4、1：6、1：15、1：25、1：30、1：40、1：60、1：75、1：250、1：300
平面图常用比例	1：50、1：60、1：75、1：100、1：150

　　另外，图形套入图框后还要考虑后期尺寸标注预留的位置。本案例中通过放大图框将图形套入图框，使用的比例为1：60。

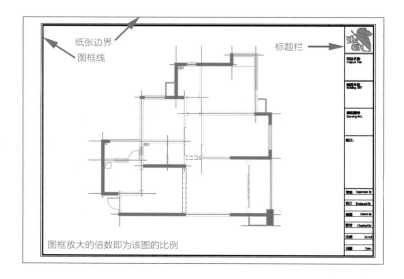

图框放大的倍数即为该图的比例

　　确定比例后，点击天正命令面板"设置"—"天正选项"，在"基本设定"面板将当前比例改为60。

（7）标注

使用"逐点标注"命令按钮，对轴线进行尺寸标注。标注完成后可通过"夹点操作"对标注进行调节，也可以通过"增补尺寸"命令按钮增加漏标和少标的尺寸线。

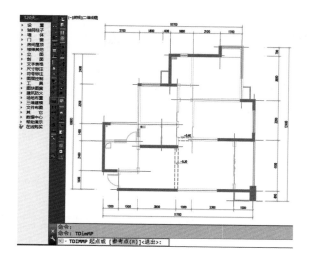

完成尺寸标注之后，开始标注梁下高度。使用"标高标注"命令按钮，字高设为2.5，精度设为0.00，勾选"手工输入"。这里的"标高标注"命令是针对建筑标高的工具，其实只是需要这个符号，具体的标高值是通过双击数字修改数值实现的。

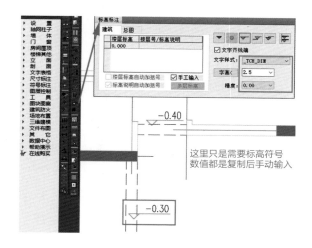

接下来使用"图名标注"命令按钮，进行图名输入，具体参数如下图。图名字体一般采用黑体。默认字体为天正仿宋，所以需要对它进行修改。一般说来，一种文字样式对应一种字体。先将文字样式改为CHINA。

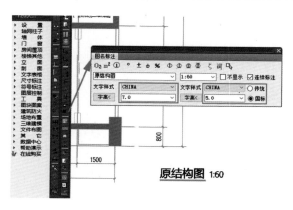

完成后点击"文字样式"命令按钮，将CHINA文字样式对应的字体修改为微软雅黑。

字体修改完成后，将图名放置在合适的位置，完成原结构平面图的绘制。

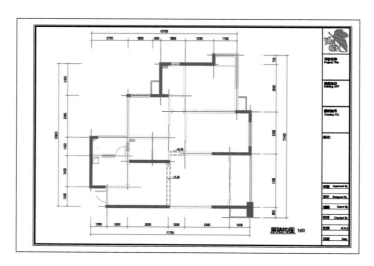

2.2.2　绘制平面布置图

复制原结构图，在其基础上进行平面布置图的绘制。根据该户型的现状与设计要求，平面布置图设计的思路与要点如下。

a. 设计步骤一般先厨房和卫生间，再到卧室和客厅。

b. 主卧室面积与次卧室面积差不多，可考虑将现在次卧室所在区域划分一部分作为更衣间。

c. 主卧室门的位置与主卫生间门的位置太过靠近，可考虑将主卫生间门的位置进行调整。

d. 阳台加窗，拆除客厅到阳台的门和门垛，扩大客厅面积。

平面布置图绘制的主要内容是修改门窗，放置家具，进行标注。选中原结构图上的门洞，右键"门窗替换"，弹出"门窗"面板，设置门窗参数后即可替换。家具包括两种，一种是定制家具，比如衣柜、厨柜，这类家具一般都需要根据设计尺寸自己绘制；另一种是成品家具，比如冰箱、洗衣机，这类家具通常直接调用图库就可以了。

下面介绍各部分空间的具体绘制方法。

（1）厨房、生活阳台与玄关

玄关处通过墙体夹点操作增设一段墙体，以嵌入式的方式放置鞋柜。将厨房门洞替换为推拉门，冰箱位预留700mm后绘制厨柜，为使厨房中的活动区更大，将不放置洗菜盆的对面厨柜设置为非标尺寸500mm。生活阳台画一根离墙600mm的线，将洗衣机放置区地面抬高。完成后以复制（Ctrl+C）粘贴（Ctrl+V）的方式放置其他家具模型。厨房完成后的相关尺寸如下左图所示。

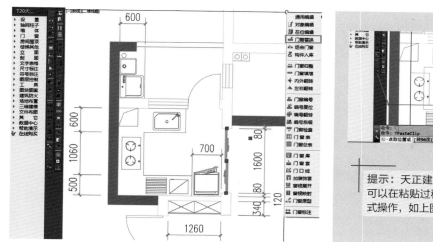
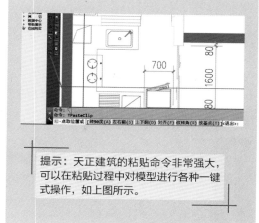

提示：天正建筑的粘贴命令非常强大，可以在粘贴过程中对模型进行各种一键式操作，如上图所示。

（2）共用卫生间

卫生间原结构已干湿分区，布置比较简单。先保留入口门洞，将湿区的门洞替换为门，再放置相关模型。蹲便器的位置从美观上讲，要么与地面砖的一边对齐，要么居于几列地面砖的正中间，所以在绘制卫生间时也可以将地面砖的布置一并画出。

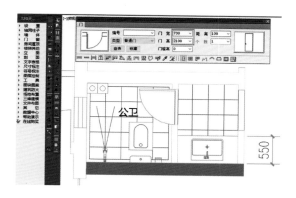

（3）主卧与主卫生间

主卧部分墙体修改比较多，先将原主卫门洞删除，删除后墙体会自动连续。然后将卫生间门设置在另一个方向，门的类型为推拉门。

在次卧空间划分出更衣间。先将轴线进行偏移（O），绘制12墙（厚120mm的墙），注意轴线偏心，插入700mm×2100mm的门。更衣间的衣柜柜体深度为500mm。

主卧空间中需要绘制的家具有梳妆台、电视柜、洗面台外轮廓线，其他家具一般都有模型，直接粘贴即可，主卧的床为1.8m双人床。

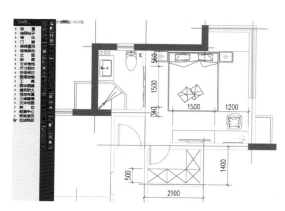

（4）次卧

次卧空间比较简单，将原来的门洞替换为平开门（800mm×2100mm），然后绘制衣柜，调入床的模型，床为1.5m双人床（下左图）。

（5）多功能房

多功能房先将门洞替换为门（800mm×2100mm），然后设置1.6m宽的榻榻米，并抬高400mm，可作为休闲区，也可作为床来使用，榻榻米一端绘制衣柜。更衣间、次卧和多功能房的衣柜都是设计到顶的，所以衣柜柜体上都有交叉线条。

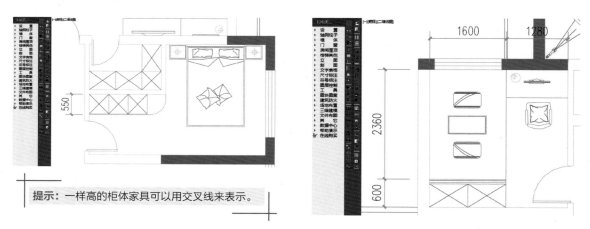

提示：一样高的柜体家具可以用交叉线来表示。

（6）客厅与餐厅

为了扩大客厅的空间，将阳台封窗，同时删除从原客厅到阳台的门与墙体。在绘制窗前，先将阳台删除，再重新加入一段24墙（厚240mm的墙）。

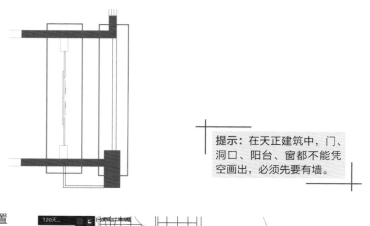

提示：在天正建筑中，门、洞口、阳台、窗都不能凭空画出，必须先要有墙。

根据设计要求，放置相关的家具和电器。沙发、电视和餐桌属于成品家具，可以直接调入模型。电视柜与餐边柜可根据设计尺寸直接绘制，尺寸如右图。这里需要注意一点，因为有电视墙的设计，所以在平面图中需要预留100mm电视墙厚度，实际设计可能没有这么厚，可在后期

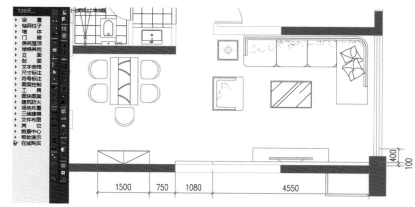

进行调整。餐边柜上的单斜线表示的是低柜，注意与衣柜那类到顶的柜子相区别。

（7）标注

模型完成后，开始进行标注。先标注每个房间的名称，点击"单行文字"命令按钮，弹出对话框，设置如下图所示。

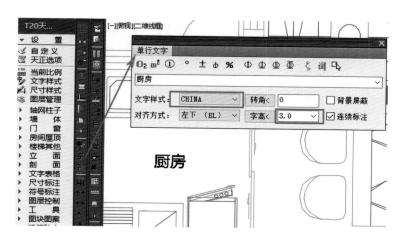

然后按照上一节所讲的"逐点标注"命令（第39页），完成平面布置图的尺寸标注。注意，平面布置图上需要标注墙的厚度。

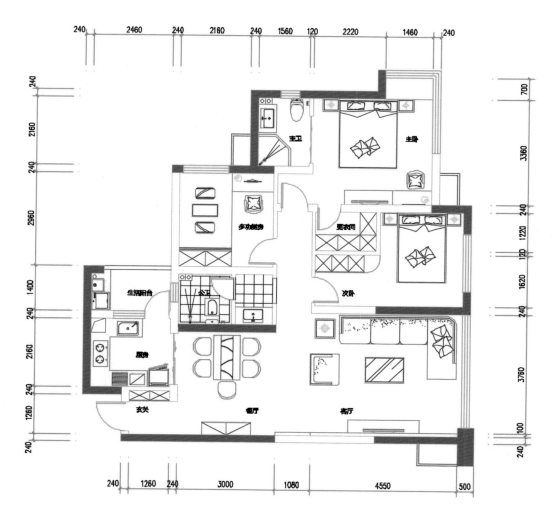

接下来在平面布置图上加入内视符号，内视符号用来表示室内立面在平面上的位置，它有几种不同的式样，这里选择最简单的一种。点击工具按扭"通用图库"，打开"天正图库管理系统"，在"二维图库"—"plan平面"—"符号图例"中找到"四面内视"，插入图中。内视符号大小可通过"夹点操作"调整。夹点操作时最好将"正交"关掉，避免改变大小时图形产生变形。

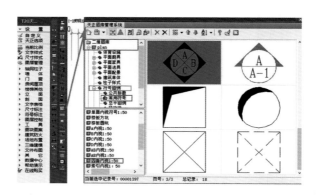

最后加入图名标注。由于平面布置图与原结构图比例一致，可以直接移动复制原结构图的图名标注到平面布置图中，双击图名可进行修改。完整的平面布置图如下图所示。

平面布置图 1:60

2.2.3 绘制墙体改造图

复制平面布置图，在其基础上绘制墙体改造图。墙体改造图的主要内容有如下几点。

a.拆除墙体、新建砌墙的位置、门洞的移位、阳台封窗等土建改造的内容。

b.标注改造之后的内墙尺寸。

c.有时会在改造图上描述具体的施工做法。

下面介绍各部分空间的具体绘制步骤。

（1）得到平面布置图的墙体部分

获得墙体部分有三种方法。最慢最直观的方法是，复制平面布置图后，一个个地删除内部的家具。第二种是在图层面板中通过关闭不需要的层，保留需要的图层，并重新复制出来。这种方式的运用需要有一定的图层管理经验。第三种方法是利用天正的图层管理菜单，这种方式更直观高效。具体的做法是选中不需要的线，点击"图层控制"菜单下的"关闭图层"，或者选中需要的墙、柱、门窗、轴线、尺寸线等，点击"图层控制"菜单下的"关闭其它"。

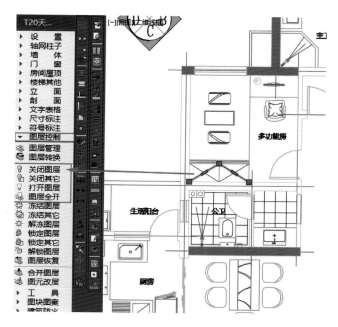

（2）标注内墙改建后的尺寸

得到墙体部分后，用"逐点标注"的方式，对改造部分的尺寸进行标注，注意不要漏画。

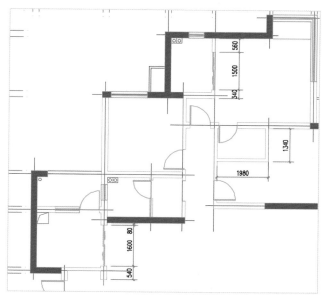

（3）改造的具体内容标注

点击"引出标注"按钮，在引出标注对话框中输入相关文字并设置文字大小和箭头大小，如右图所示。天正中的文字与符号的大小值指的是输出后的实际大小，即打印出来之后的大小。通常情况下，标注文字高度为3mm，中文字高不小于2.5mm，西文字高不小于2mm。引出标注末端的空心圆是用画圆工具直接绘制的，绘制图层应为"DIM LEAD"图层，与引出标注的图层一致，便于管理。

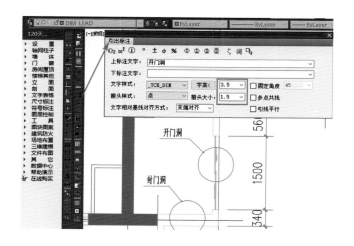

完成后的墙体改造图如下。

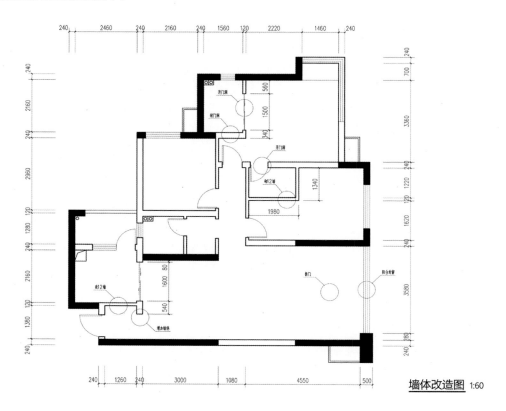

墙体改造图 1:60

2.3.1 CAD 导入

将平面布置图导入SU需要以下几个步骤。

（1）整理平面，另存格式

将图中的家具、标注等删除，获得只保留墙、柱、门窗、阳台的平面（下左图）。

将图片另存为一个新的文件，然后再由天正格式转化为普通CAD格式。在"文件布图"菜单下点击"整图导出"，弹出导出对话框，"保存类型"选择"天正3文件"，"文件名"可设为"建模平面"（下右图）。

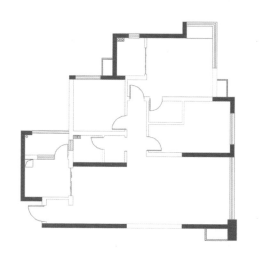

提示："天正3文件"即为普通CAD文件。

（2）再次整理，只保留墙体

复制建模平面，再次整理平面，获得只有墙体的图纸。

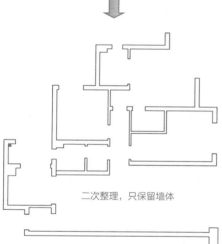

二次整理，只保留墙体

（3）导入SU

打开SU，选择"文件"—"导入"，在文件类型中选取AutoCAD文件类型，并在选项中设置单位为毫米，将建模平面导入。

导入后的场景如下图所示。

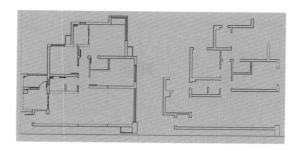

提示：如果原场景中有物体，导入的CAD会自动成一个群组，如果原来的场景为空，导入后图形是散的，需要手动创建群组（G）。

2.3.2　建立墙体与门窗

（1）生成墙体

将两个平面分解后，各自创建群组，双击墙体的群组，画线封面。

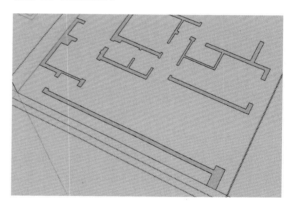

用推拉工具将面向上推出2900mm。

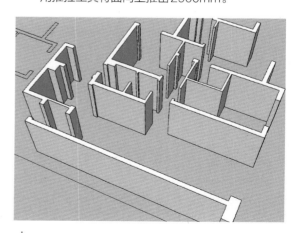

提示：如果画线封面时不能封上，说明原来的线段不连续，可采用矩形封面的方法。

（2）完成洞口

选择门洞底部线段，向上移动复制2100mm，如下图所示，然后将门上方的墙体推出。

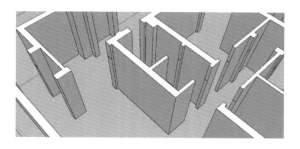

用同样的方法绘制出窗洞，完成后的洞口如下图所示。

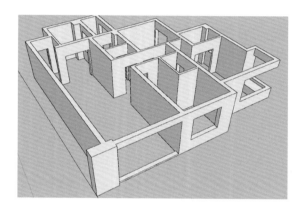

（3）加入门

由于本章案例为客厅，所以这里只加入与客厅空间相关的门，其他部分的门窗讲解略去。将门分为门套、门扇、门锁三部分绘制。

门套的绘制方法是先在门洞下方绘制一个截面，再沿门洞结构绘制三条门套线，接下来选择这三条线作为路径，用路径跟随命令点击截面，即可得到门套。

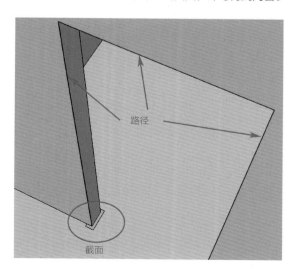

门扇和门锁可选择风格一致的模型导入，使用缩放工具调整门扇的位置与大小。

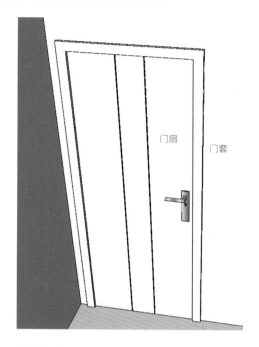

（4）加入窗

首先要分清楚窗的结构。在建模中，一般将窗分为窗框、窗扇框、窗玻璃三部分。

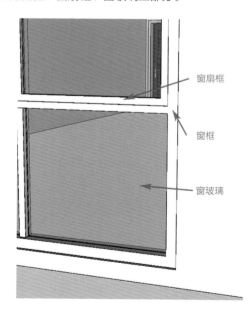

窗框宽度为60mm、深度为100mm，窗扇框宽度和深度都为40mm，窗玻璃厚度绘制为10mm。在绘制中，要及时将窗玻璃加上半透明材质，以示区别。最终完成后的门窗模型如下图所示。

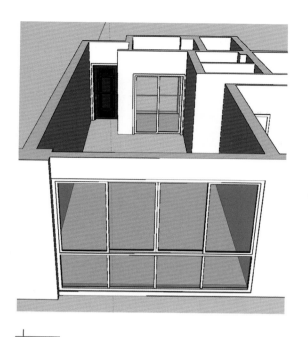

提示: 窗玻璃为中空玻璃时的实际厚度为15~16mm，取整是为了简化和方便建模。

2.3.3　制作吊顶

（1）吊顶分区与高度

　　吊顶设计的思路是通过平面图的功能分区来划分吊顶区域。在划分过程中充分考虑梁的因素，利用吊顶造型与高度来消除梁的影响。与平面图对应，可以将吊顶分成四个部分，分别对应玄关、餐厅、走廊、客厅。有梁的吊顶部分与梁高度平齐，四个部分高度不同，形成层次关系，具体尺寸如下图所示。该部分的绘制用简单的线、矩形、推拉工具能很快完成。

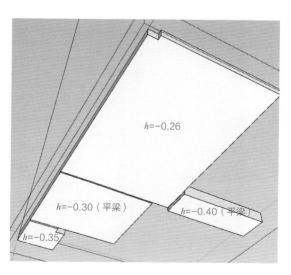

（2）餐厅

　　餐厅吊顶考虑上下关系，做成灯带围合的形式，由于餐桌不居中，所以吊顶尺寸跟随餐桌位置，具体尺寸见下图。

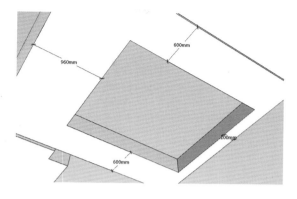

　　用推拉工具挤出空洞，然后根据实际灯槽的结构画出相对应的图形。这里考虑到中间部分高差为300mm，有点偏高，所以向下复制一条线，距离为100mm。再推拉到对边，这样中间部分高差变为200mm。

（3）客厅

　　客厅吊顶采用四方围合与全吊顶相结合的形式，靠窗处要缩回200mm，预留窗帘盒位置。

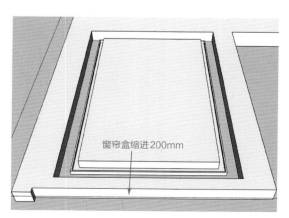

中间部分的设计是反向灯槽，吊顶高度设计为标准的200mm，这样与四周造型就有60mm的高差。

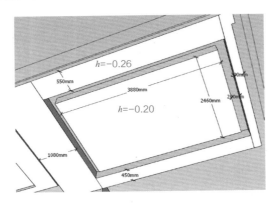

中间的平顶部分看上去有点单调，用偏移工具向内偏移200mm，再偏移20mm。在该处赋予灰色材料，再向下推出5mm，做成金属装饰线条的效果。

（4）放置灯具

吊顶建模完成后，接下来插入嵌入式的灯具，客厅空间主要有筒灯、射灯、斗胆灯、发光灯带。筒灯、射灯可使用一种模型。插入灯具准确而直观的方法是，插入一个模型后，在顶面图上打开Ｘ光透视模式，再复制移动。注意，顶面图上要采用平行投影的方式，这里将平行投影与透视显示的切换快捷键设为"Ｖ"。

筒灯与射灯设置完成后，绘制发光灯带。我们将它绘制成灯槽中的环形方管，方管截面为20mm×20mm。虽然正常的视角是看不见的，但绘制的目的是为了后面使用发光贴图。方管设置为黄色。

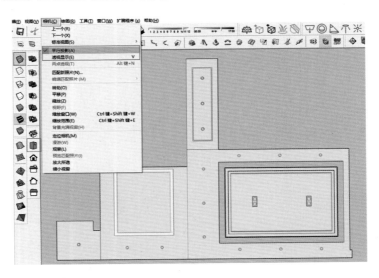

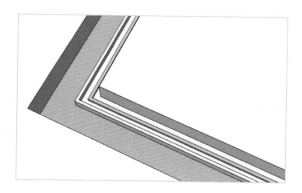

灯带要快速而正确地放置，可以在顶视图上确定位置，在前视图上确定高度，同时也要开启Ｘ光透视模式，注意平面投影的切换。

完成后的布置效果如下图所示。

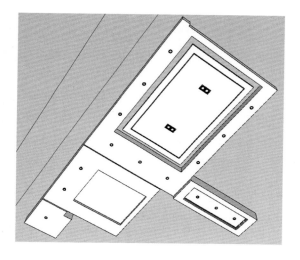

（5）加入楼板

为了方便选择，将灯具与吊顶成组，然后向下移动100mm的高度，留出楼板空间。

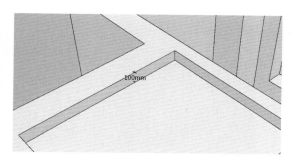

绕客厅内墙面画线，形成面，成组后向下推拉100mm，完成楼板。

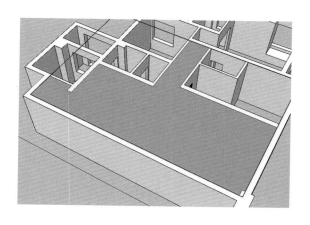

2.3.4　制作地面铺装与踢脚线

（1）绘制踢脚线

在墙面下方用直线工具绘制有踢脚线的部分，只需要单线就可以。

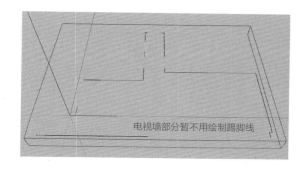

电视墙部分暂不用绘制踢脚线

使用SUAPP的"拉线成面"，将线向上推出高度为80mm的面。然后用推拉工具，向空间内侧推出10mm的厚度。

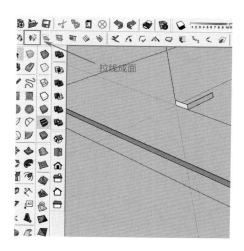

拉线成面

推出后会出现一些废线和破面，废线可使用"扩展程序"菜单上的"线面工具"—"清理废线"命令清除（下左图）。

如果产生了破面，可以在模型交汇处重新描线来封面（下右图）。

 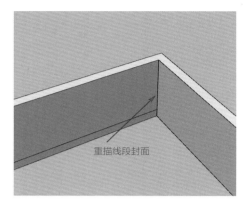

（2）绘制地面

沿墙体底部绘制外轮廓，成组后移动到旁边。双击进入组，用"推拉工具"向上推出100mm。将之前的墙体底图放置在地面模型上方，然后把底图与地面模型同时炸开（解组），这样在地面模型上方就有了墙体的平面线，便于后面划分地面空间，再重新将模型成组。

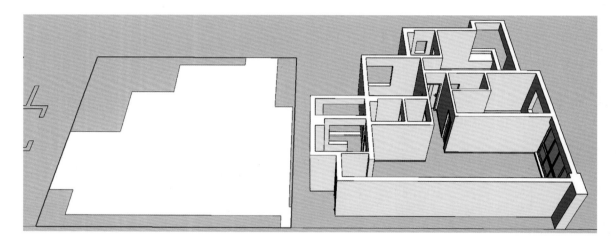

用"画线"工具在客厅周边的门洞处画线，围合出客厅区域地面。

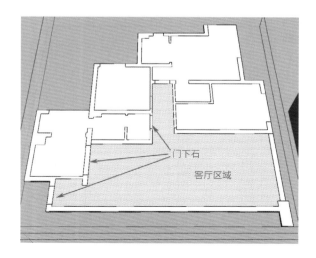

（3）地面铺装

本案例为现代风格客厅，所以地面铺装设计应简单大方。主要使用两种材料，一种是门下石，另一种是1200mm×600mm的抛光地面砖。给地面砖赋材质时注意贴图大小要与实际大小一致，赋予后要调整地面砖的位置，使空间尽量出现整块的砖。调整方法是选择客厅地面—右键—"纹理"—"位置"。

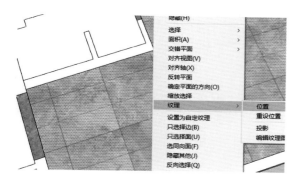

出现下图后，可用左键移动贴图位置。

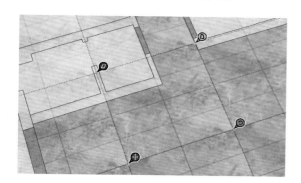

> 提示：出现的四个图钉可自由放置，每个图钉有着不同的调整方式。

完成后将其他部分的模型移动到地面模型上方，这时要注意确保三点：一是地面底部在空间坐标的0平面，二是整体高度为3m，三是移动时不要错位。

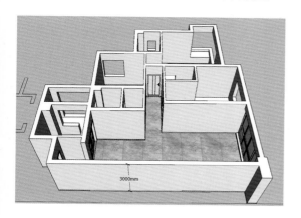

（4）图层管理

绘图工作完成后，可进行图层管理。SU的图层管理功能非常简单，主要是控制图层的可见性。在图层面板中可设置相关的图层信息。

将图中的组件放置到相关的图层。具体做法是选中相关群组—右键—切换到对应图层，这样就可以通过图层的显示开关对画面进行分类管理。合理使用图层控制，可以获得高效的绘图体验。

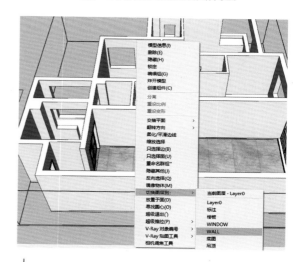

> 提示：常用的操作方法是在"layer0"图层中画图，画完以后将模型切换到对应图层，这样就避免了经常切换图层的麻烦。

2.3.5　制作电视墙

（1）电视墙设计思路

根据平面图将电视墙分成电视背景墙和走廊对景墙两部分。用矩形工具与推拉工具画出电视墙总的实体模型，尺寸为4550mm×100mm×2540mm。设计思路要满足以下三点：一是与客厅风格一致，简单大方；二是与顶面呼应，尽量居中；三是电视墙比较长，采用三段式的设计手法。

（2）绘制电视背景墙

将电视背景墙分成左中右三段，由于左侧有窗帘盒和柱子，为了保证居中，右侧面积要大于左侧，经过几次调整后，具体的分段方式如下左图。

为了让中间部分呈现出一些变化，使用深浅不同的两种墙面砖。砖与砖之间的线向上下各位移5mm，再向里推5mm，形成砖与砖之间的U形缝，如下右图所示。再将三种图案接近但色系不一样的墙面砖贴图赋予电视墙。

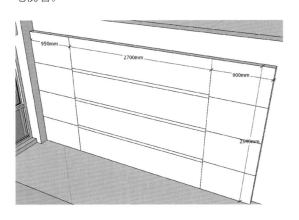 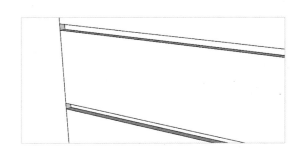

（3）绘制走廊对景墙

接下要制作走廊对景墙，采用竖向的大幅装饰画来装饰。建立对景墙框架后，用"偏移"工具向内偏移40mm，向内推10mm，再偏移20mm，再向内推15mm，这样就得到一个带框的装饰画（下左图）。接下来整体赋予灰色材质，然后赋予对景墙贴图。

最终完成的电视墙如下右图所示。

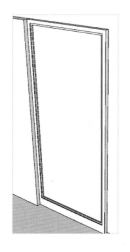 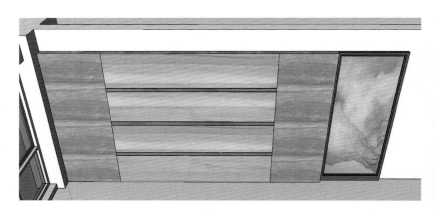

2.3.6 导入家具与软装模型

模型完成后，导入家具与软装。本案例在客厅区域要导入的模型有沙发组合、电视柜、窗帘、电视机，以及其他一些软装饰与室内绿植。导入后的模型要做相应的尺寸调整。

模型导入的过程看上去比较简单，但是需要注意一些细节。一是外部导入模型的尺寸单位与场景单位不一致，需要通过缩放工具（S）来调整大小；二是导入模型的放置要尽量仔细，不要出现悬空，埋墙等错误；三是导入模型调整后，会出现很多无用的材质与组件，累积后会增大文件量，减慢运行速度，这时可以运用SUAPP中的场景清理命令来清理场景。

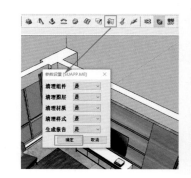

另外，在家具的选择上也有一定的规则与技巧。一是家具的风格应该与设计风格一致；二是要根据计算机的配置来选择模型大小，模型过大运行速度会相应变慢，比如单个就占用上百兆的植物模型尽量不要选择；三是模型可以通过导入与拖入两种方式到达场景，选用拖入的方式更快更直观。

2.4　灯光布置（阳光场景的布光方式）

2.4.1　设置相机

（1）设置模型方向

设置相机前，先将模型的主要采光面朝向南方。打开"阴影开关"，通过观察阴影的方向来确定南方。如需要调整，通过旋转工具，将客厅窗户朝向南方。

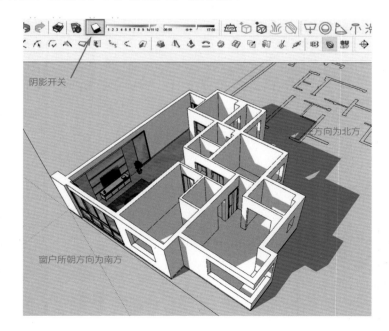

阴影开关

此方向为北方

窗户所朝方向为南方

提示：完成后要关闭阴影，一直打开阴影会严重拖慢运行速度。

（2）相机位置

点击"定位相机"工具，将相机放置在合适的位置。本场景中将相机放置在餐厅。

（3）相机方向与高度

相机定位完成后，会自动出现"绕轴旋转"工具，主要用于确定相机的方向与高度。这里的方向是从餐厅向客厅观察，高度为1.1m。

（4）相机的视角

点击"视图缩放"工具，设置相机视角为45°。角度越大，相机看到的范围就越大，设置的角度根据画面的构图来决定。通常情况下，设置的角度为35°~60°。低于35°，空间的透视感会很弱，超过60°，画面纵深感过大画面会失真。

（5）微调

确定好相机的大致视角后，配合"平移"工具和"漫游"工具对画面进行微调。左右方向上的变化用"平移"工具，前后方向上的变化用"漫游"工具。"漫游"工具有一个优点是遇到模型阻碍时会自动停止。

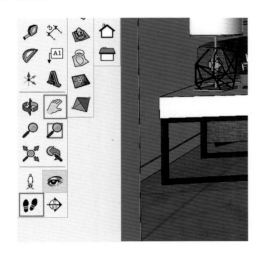

（6）切换成两点透视

全部调整完成后，点击菜单栏"相机"—"两点透视"，将构图变为两点透视。只有在两点透视的模式下，所有的竖向线条才能保证垂直，这样的画面最稳定。

（7）固定场景

完成相机构图后，要将这个场景视图固定下来，点击菜单栏"视图"—"动画"—"添加场景"，这时会出现一个新的场景页面。每次点击该页面标题，会自动回到我们所设定的相机视图。

（8）绘制外景

相机视图上，窗外是没有场景的，需要额外添加。直接将外景图片拖入场景中，放置在距离窗口2m左右的位置，调整贴图大小。然后将该外景的模型在"图元信息"面板中设置为不接受阴影和不产生阴影，目的是不让外景模型遮挡阳光，仅适用于视图。

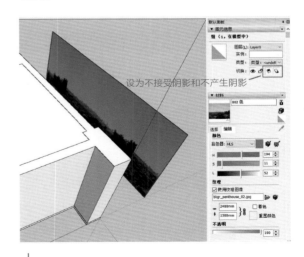

设为不接受阴影和不产生阴影

提示：在VRay渲染中，阴影仍然会出现。为了不让外景模型产生阴影，需要对外景材质进行参数调整。

完成相机视图后的场景如下图所示。

2.4.2　设置主光源（阳光与天光）

本案例使用白天阳光效果的布光方式，通过 SU 自带的阳光获得阳光效果，通过 VRay 的平面光获得天光效果。

（1）布置 VRay 平面光

在窗户内绘制 VRay 平面光，注意平面光不要离模型太近，尤其不能接触到模型，应该是处于浮空状态，可以通过"VRay 实体显示控件"按钮来控制灯光的显示方式，位置大小如下左图。

在平面光面板中，勾选"不可见"，取消"影响高光"和"影响反射"选项，其他参数设置如下右图所示。同时，阳光参数先保持为默认。

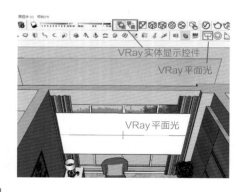

> 提示：VRay 阳光会自动产生 VRay 天光，但天光一般不足以照亮整个场景。这里平面光的作用是为了弥补天光亮度的不足，可以理解为 VRay 天光在室内的一个延续，这种布光方式被称为"叠光法"。

（2）设置白模渲染参数

设置白模之前，应先将玻璃和外景这两个组件放入一个图层中隐藏，然后新建一个场景，这个新建的场景就是测试白模的场景。

打开设置面板，按照右图设置白模渲染参数。

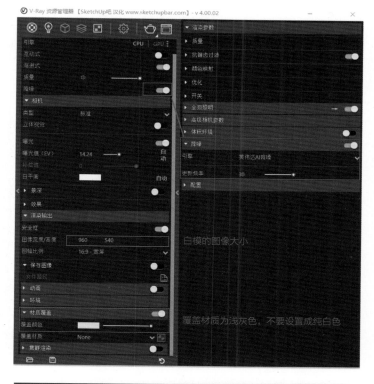

点击"渲染"按钮，弹出"帧缓存窗口"，渲染完成的效果如右图。此时可以发现几个问题，一是阳光有点偏亮，二是离窗口较远的位置太暗。

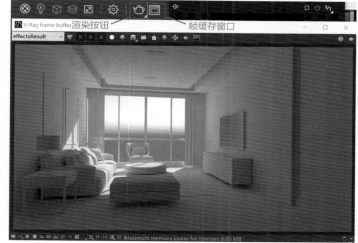

阳光偏亮是由于玻璃被隐藏了，因此这个问题可以忽略。而内部偏暗的调整方式有很多，这个实例中采用最容易理解的方式来调整，就是增强平面光的强度，将强度增加到80，完成后的白模效果如右图所示。

2.4.3　设置辅助光源（平面光补光与聚光灯）

主光源设置完成以后，整体效果是亮了，但还存在一些不足，一是地面较暗，二是没有光色与层次，这就需要进行补光操作。

（1）VRay平面光补光

从上向下设置一盏平面光，位置如下图所示。

由于平面光的尺寸与强度成正比，这盏平面光面积小，所以如果要亮度高，强度参数需设置为100。

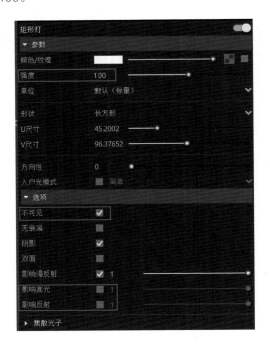

（2）VRay聚光灯

为了让光色更有层次，将一盏射灯照到对景画上。本案例采用VRay聚光灯来模拟射灯效果，设置位置和具体参数见下图，将光色设置为橙色。

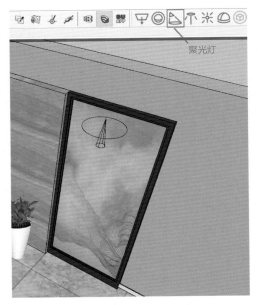

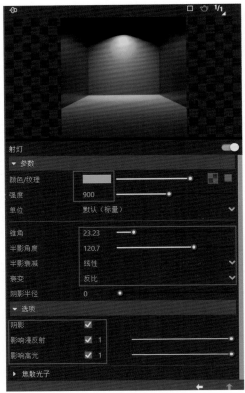

完成后再次渲染白模，可得到光色与层次合适的布光效果。

2.5　材质调节

　　场景灯光设置完成后，接下来调节材质。本书中只讲解重点材质，其他材质的调节大同小异，读者可以参照本书中的相关材质参数自行调节。

2.5.1　设置地面材质

　　地面材质包括两部分：地砖与踢脚线。
　　由于地砖的漫反射贴图在前期建模的时候已经采用SU材质编辑器制作好了，所以漫反射贴图可以不用管，只需调节地砖反射属性和凹凸属性。
　　用SU面板的"吸取"工具吸取地面材质，这样地面材质变为当前材质。打开VRay材质面板，设置地砖材质反射参数，如果没有看到反射层选项卡，可以手动添加反射层。反射的强弱通过颜色灰度来控制，黑色是不反射，白色是全反射。
　　"反射光泽度"是控制模糊反射的，数值越低，模糊程度越大。一般说来，非镜面类型的材料都需要对反射光泽度进行调节。
　　"菲涅尔"选项为材质是否具有菲涅尔反射性质。菲涅尔反射的通俗理解是：看物体正面，物体的反射较弱，看物体侧面，物体的反射更明显，很多物体具有菲涅尔反射的特点。一般说来，室内材料中没有菲涅尔性质的反射材料有三种：一是强抛光的瓷砖或石材，二是金属，三是镜面。其他带反射性质的材料都具有菲涅尔反射性质。

　　本案例中地面砖为仿古地面砖，其参数调节为菲涅尔性质下的全反射（白色），反射光泽度为0.85。在调节时为了便于观察，可将显示样本的样式改为地面显示的方式。反射的具体参数见下图。

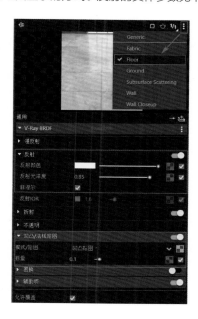

仿古砖表面有一定的肌理，同时地砖与地砖之间也存在分缝，所以还需要追加凹凸贴图。凹凸贴图是通过贴图的灰度和数量来控制凹凸程度，一般说来，是用一张与地砖漫反射一致的黑白位图作为凹凸贴图，这里用位图嵌套的方法来生成黑白位图，凹凸的数量值为0.1。

具体的步骤是复制漫反射贴图，以实例的方式粘贴到凹凸贴图。然后右击"凹凸贴图"按钮，选择"套嵌"—"样条曲线"。

最后调节样条曲线的直方图，饱和度调为灰度，Value图调节对比度，具体参数见下图。

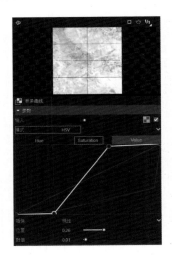

踢脚线材料为木质白色漆面，参数比较简单，反射颜色为白色，反射光泽度为0.9，菲涅尔反射。

同理，家具的木器漆面也采用同样的参数。

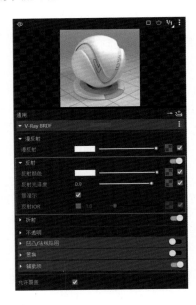

提示：漫反射贴图在材质中表现为物体表面的固有色与图案。可以理解为物体表面的颜色属性。凹凸贴图能给贴图增加立体感，使物体表面产生肌理效果，但它并不能改变模型的形状，而是通过影响模型表面的影子来达到凹凸效果的。

2.5.2　设置墙面与顶面材质

顶面材质与墙面材质为乳胶漆，材质设置比较简单，颜色选择纯色即可。设计中要注意，为了增强空间感，一般来说墙面颜色和顶面颜色要有所区别。

在本场景中顶面选用白色，墙面使用浅蓝灰色，具体的设置参数见下图。由于没有贴图，前期建模时已采用SU自带材质编辑器赋予了墙面与顶面乳胶漆颜色。因为乳胶漆没有反射等其他材料属性，所以不用在VRay材质面板中调节参数。

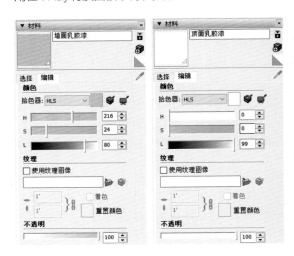

2.5.3　设置电视墙材质

　　电视墙是由三种不同的石材拼接而成。在建模阶段已赋上贴图，所以编辑方式与地面材质相同，也是先用SU材质编辑器吸取，再用VRay材质面板编辑。该处石材不同于仿古砖，属于抛光类材质，没有菲涅尔反射属性，也没有凹凸肌理，所以只需要调节反射强度和反射光泽度就可以了。具体的参数见下图，只列出其中一个，其他两种石材的参数一致。

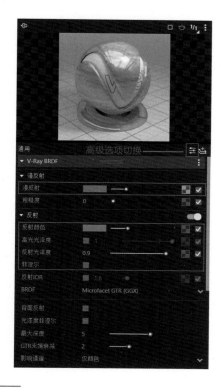

　　提示：上图显示的是打开材质高级选项后出现的参数类型，比普通选项状态下的参数多，以后的调节中会遇到，特此说明。

2.5.4　设置金属材质

　　本案例中金属主要有两种，一种是抛光黑色金属，主要出现在家具的脚、对景画的框架、顶部的装饰线条；另一种是金色金属，主要出现在家具的装饰条和台灯支架。

　　在讲解两种金属的参数之前，先讲一讲金属的调节思路。

　　首先，反射最强的材质是银镜，镜面的参数见下图，反射为没有菲涅尔的全反射（白色）。注意，在这种情况下，漫反射是没有意义的，当反射不是全反射时，漫反射才能体现出物体的固有色。

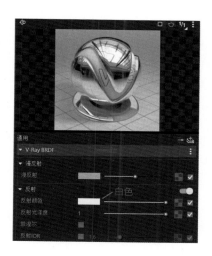

　　再来看一下抛光不锈钢的参数，与镜面的区别是反射强度稍低，同时反射光泽度为0.9~1，意味着不锈钢与镜面相比，是有一点反射模糊的。

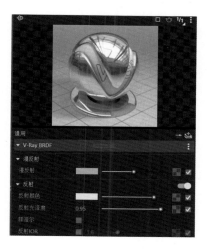

　　根据上面两种材质来调节黑色金属。将漫反射设为黑色（接近，但不要使用纯黑），反射颜色设为深灰色，光泽度设为0.9，同时取消菲涅尔选项。

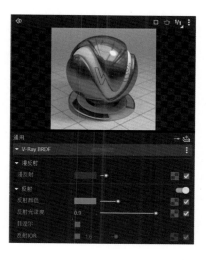

金色金属的调节参数见下图，可以同时通过漫反射与反射颜色来控制金属的颜色和反射强度。将漫反射设为橙红色，反射设为橙黄色，反射光泽度也设为0.9。

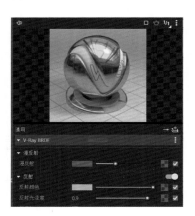

2.5.5　设置玻璃材质

玻璃一般来说可以分为两类：透明玻璃与磨砂玻璃。

透明玻璃在材质调节上可分为三类：高透明白玻璃、薄壁有色玻璃、实心玻璃。

我们先来看最基本的白玻璃参数。玻璃主要靠折射面板来调节，当折射强度为全折射（白色）时，玻璃的漫反射就变得无意义，因为全透明就代表无固有色。而玻璃同时具有反射的属性，但反射性一般，因此将反射强度调为中间值（灰色）。

> 提示：玻璃是典型的菲涅尔反射。

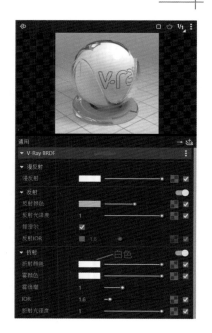

然后再来看绿色的啤酒瓶材质的参数设置。它是典型的薄壁有色玻璃，与白玻璃比较，区别在于漫反射有颜色，而且折射强度不是最大。

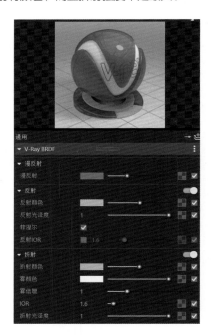

综合上面两种材质的参数设置，接下来调节本案例中的窗玻璃。窗玻璃一般说来带一点点颜色，折射强度高，但不能是白色，具体参数见下图。

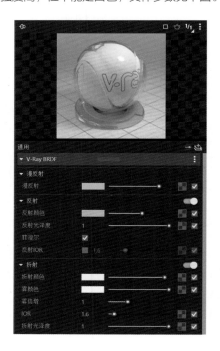

> 提示：窗玻璃在实际情况下是有一点反射模糊的，但为了提高渲染速度和使外景通透，一般不调节反射光泽度。

同样的思路再来调节花瓶的玻璃材质，具体参数见下图。

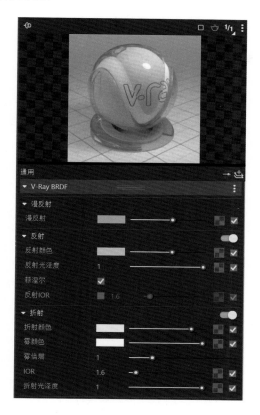

折射面板的选项中，"IOR"表示折射率。玻璃的折射率约为1.6，水的折射率为1.33，水晶的折射率为2.0，钻石的折射率为2.4。"雾颜色"是专门用来做实心透明体的，如果不小心调节到了，会成倍增加渲染速度。"折射光泽度"是指透明体的磨砂程度，通俗理解为1代表透明玻璃，小于1为磨砂玻璃，数值越小磨砂程度越大。

2.5.6 设置自发光材质

客厅吊顶有一圈发光灯带作为装饰性的照明。常规做法是用四盏VRay平面光做出发光效果，而这里采用更为高效的做法，使用自发光材质。

采用新建材质的方法，在VRay材质面板右键"材质"图标新建自发光材质，在材质列表中会出现一个新的"Emissive"材质。然后在场景中选择灯带，进入组件后全部选中，回到VRay材质面板，右键点击"Emissive"材质，选择"应用到选择"，这样就将新建的材质赋予到模型上了。接下来调节参数，将自发光颜色设置为橙色，强度根据经验设置为3，具体操作步骤和参数如下图所示。

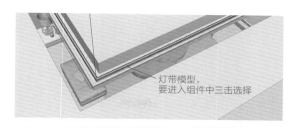

灯带模型，要进入组件中三击选择

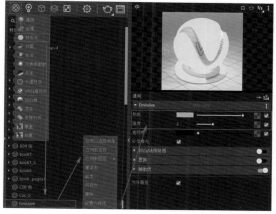

同样的方法可以设置灯具的材质，区别是灯具材质的自发光强度为1。

2.5.7 设置外景材质

前面在设置相机的同时，绘制了外景模型并赋予了一张外景贴图。在白模渲染时将其隐藏起来，这是因为贴图会遮挡阳光，所以外景材质需要排除阳光的影响。具体的设置方法如下。

吸取外景材质后，在VRay材质面板中右键添加自发光层。

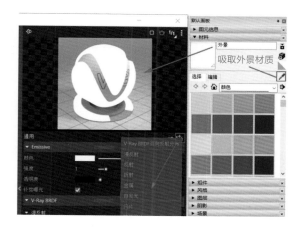

可以发现由于添加了自发光层，外景贴图变成了白色。这是因为自发光优于漫反射，所以要在自发光中重新添加外景贴图。先右键复制漫反射的贴图，然后在自发光贴图中"粘贴为实例"，这样白色的自发光就变成了外景图片发光。

接下来调整让该模型不遮挡阳光。切换到高级模式，打开"光线追踪属性"，将"投射阴影"取消勾选，意思是该材质不产生阴影，这样阳光就可以直接穿过模型了。

提示：如果外景模型是双面的，那么两个面都应该赋予相同的材质，如果背面是其他材质，依然会遮挡阳光。

最后检查一下贴图的位置和数量有没有变化，如果与原来不一致，可回到SU材质面板中重新调节贴图参数。

提示：在VRay标准材质上增加自发光层与直接新建自发光材质两种操作方式制作的自发光效果是相同的。

VRay4.0的渲染方式按硬件模式可分为三种，分别是CPU渲染、GPU渲染和CPU+GPU渲染。三种渲染方式各有优劣，但效果差不多。一般说来，如果电脑的CPU好，显卡普通，就优选CPU渲染方式；如果电脑的CPU一般，显卡是高端的N卡（NVDIA英伟达系列显卡），就采用GPU的渲染方式。本案例中采用CPU渲染的方式。

提示：无独立显卡时，只能选CPU的渲染方式，要不然很容易出错。

2.6.1   测试渲染

测试渲染的参数与前面白模渲染时的并不完全相同，因为白模渲染的目的是测试布光效果，而测试渲染的目的是测试灯光与材质的整体效果。

先点击"恢复默认渲染设置"，回到渲染设置的初始状态。

VRay4.0的渲染设置方式已经优化了，所以测试渲染参数的调节变得非常简单，具体调节参数见下图。

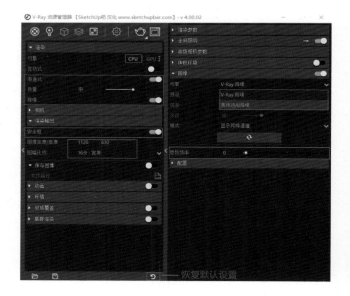

下面将详细讲解部分参数的含义。

（1）"渐进式"：打开后，可显示渲染分步过程，同时可以中途暂停，未渲染完成也可保存图像，一般情况下是开启状态。

（2）"质量"：测试选"中"或"低"，正图选"高"或"最高"，但在一般情况下，会手动进行调整。

（3）"降噪"：决定画面噪波质量，开启后可打开降噪面板，"降噪引擎"中可以选"VRay降噪"和"英伟达降噪"。

如果电脑显卡是N卡，选择"英伟达降噪"渲染速度会加快；如果不是，就只能选择"VRay降噪"。"更新频率"通常保持为0，表示在完成其他渲染后再进行降噪的处理。

（4）"安全框"：打开后，在场景视图中可以观察到渲染画面的范围。

（5）"图像宽度/高度"：可根据电脑性能调整渲染大小。

（6）"图幅比例"：固定显示比例。

完成后的渲染效果如下图所示。

从上图中可以看出，与白模相比，整个画面是偏灰、偏暗的。如果调整灯光强度，修改起来会比较麻烦，尤其是场景中灯光很多的情况下。这时可以通过"帧存缓窗口"中的显示控制（show corrections control）面板来调节场景的整体效果。这里主要调节的是第一组中的三个参数：曝光强度、高光强度、对比度，具体的调整参数与完成效果如下图所示。

2.6.2 正图参数

测试渲染完成后，打开软装模型的图层，将场景中的模型全部显示后，就可以开始进行正图的渲染，渲染参数见下图。

调整参数的含义如下。

（1）"质量"：向右拖动滑条，质量将变高，调整后它会自动变为Custom（自定义）的状态。

（2）"图像宽度/高度"：正图的图像大小一般情况下不能小于计算机的屏幕分辨率，为提高速度，这里取最小值为1920×1080。

（3）"文件路径"：渲染正式图时最好设置渲染文件路径，尤其是大场景长时间渲染，渲染出图会自动保存。"文件类型"无特殊要求，选用默认的png格式就可以了。

（4）"噪点限制"：控制画面的噪点大小，数值越小，噪点越少，效果越好，渲染时间越长。正图渲染根据计算机性能，设置0.001~0.01，这里取0.005。

（5）"降噪"：降噪值采用默认即可得到很好的效果，半径越小，计算时间越长。更新频率为0，表示渲染结束后再降噪处理，如果中途想保存文件可设置为30~50。

然后将全局照明面板切换到高级选项，渲染参数见右图。

调整参数的含义如下。

（1）"一次光线反弹"与"二次光线反弹"采用"辐照贴图"（发光贴图）与"灯光缓存"的方式配合。根据大量的测试数据获得的经验，这两种方式的配合能达到效果与速度的最佳平衡。

> 提示：效果最好的方式是暴力计算+暴力计算，但速度最慢，大多数情况下都不会使用。

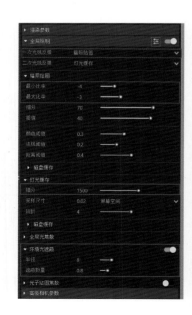

（2）"辐照贴图"（发光贴图）：这里的最小与最大比率值改为-4和-3。最小比率值越小，效果越好。两者之间的差值越大，计算的次数就越多。-4到-3，意味着发光贴图会计算两次。质量为高的时候，默认值为-3到-1，意味着会计算3次。两组取值的效果是差不多的，但-4到-3计算次数少，速度明显会快些。

（3）"灯光缓存"：正图一般取值为1200~2000，这里取1500。

（4）"环境光遮蔽"（AO）：该面板需打开高级模式，通俗的理解是增强转角处（主要是针对阴角）结构的立体感，尤其是线条造型很密的情况，打开AO后，结构会更加准确，效果增强会非常明显。"半径"是指阴角处的计算范围，"遮蔽数量"是指AO图边线的深浅。

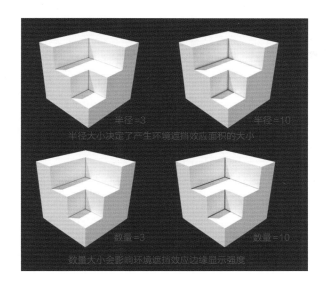

以上为本案例中的正图参数，未提及参数保持默认值即可。

2.6.3　最终渲染出图

设置好参数后渲染出图，可以看到空间中的光线与材质效果非常不错。最后打开"帧存缓窗口"中的显示控制面板来微调一下色温、饱和度、曲线等参数，调整方法与Photoshop（以下简称PS）近似。调整完后得到最终效果图。

2.7.1 绘制顶面布置图

本案例以客厅和餐厅吊顶制作作为例，房间其他部分吊顶可参考制作，具体步骤如下。

（1）整理顶面基本框架

复制一份墙体改造图，作为顶面布置图的基本框架，复制前将不需要的图层隐藏。由于顶面布置图上看不到门的图形，所以要把门的模型删除。由于删除后墙会自动封口，所以在删除之前先用线（L）命令在门的边界重描一下，然后再删除，得到顶面布置框架。

墙体改建图   顶面布置图框架

（2）绘制吊顶造型

接下来根据 SU 模型中的吊顶尺寸，绘制吊顶造型（下左图）。

具体的尺寸关系如下右图所示。注意，入口处的鞋柜和电视墙是一直到顶的，所以在顶面图上也必须保留。

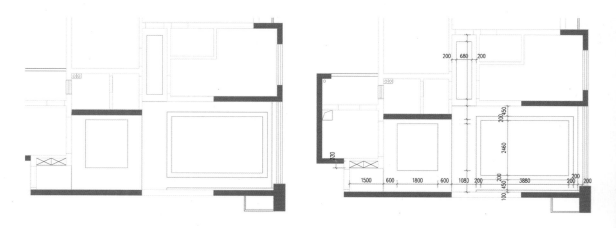

（3）绘制顶面细节

顶面细节包括窗帘、客厅顶面金属装饰条和走廊顶面阴角线。窗帘采用天正"线图案"的功能绘制。选择工具栏中的"线图案"，弹出"线图案"窗口，选择线图案为波浪线，再点击路径，选择之前画的一段直线，通过调节图案宽度得到合适的图形比例，最后删除路径直线即可。

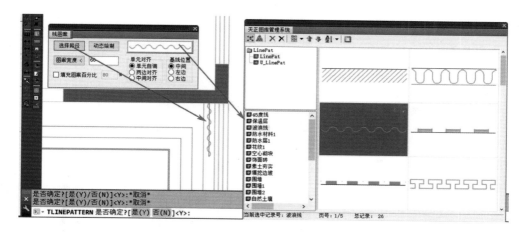

金属装饰条与阴角线可通过偏移（O）命令将吊顶轮廓线偏移获得，细节部分完成后如下图所示。

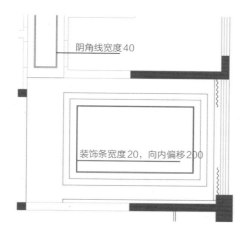

阴角线宽度40

装饰条宽度20，向内偏移200

（4）布置灯具

布置灯具比较简单，直接将灯具模型调入即可，绘制时要注意几点：一是根据灯具的不同类型，分清楚相对应的灯具图例；二是考虑灯具的间距和位置；三是发光灯带用虚线表示。

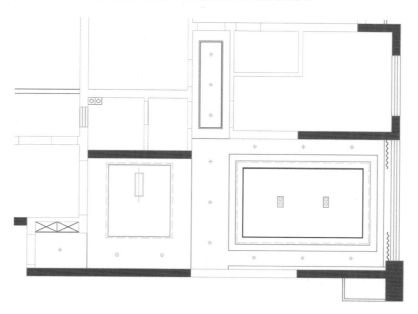

（5）标注

最后对顶面布置图进行标注，顶面标注包括三个方面的内容，一是尺寸标注，二是高差标注，三是文字标注。尺寸标注只用标注造型部分的尺寸；高差标注和梁高标注方式相同，采用离楼板的距离来表示；本案例客厅中没有特殊构造形式，所以没有文字标注。下面是最后完成的顶面布置图。

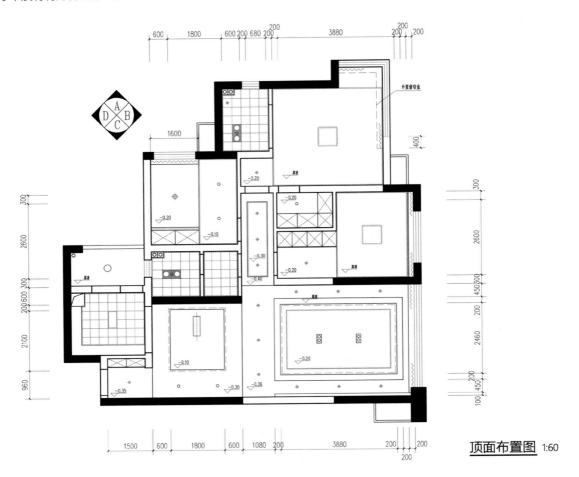

顶面布置图 1:60

2.7.2　绘制地面铺装图

（1）整理地面基本框架

复制一份平面布置图，删除非固定式家具和软装，作为地面铺装图的基本框架。由于地面铺装图上是看不到门的图形的，所以要把门的模型修改为门洞。选择门，使用右键中的"门窗替换"功能，打开门窗窗口，选择门洞，修改参数后点击需要替换的门。

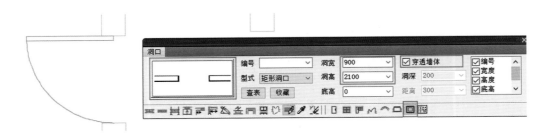

所有的门替换为门洞后，用线将门洞封口，这一步的目的是为了后面门下石的填充。

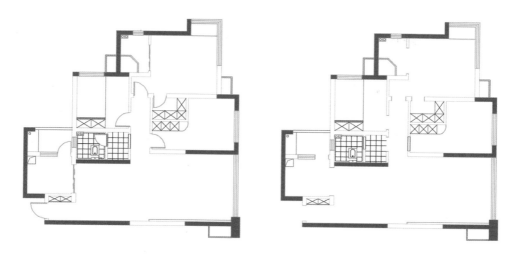

完成后的基本框架如下图所示。

无门下石用单线分隔

（2）绘制地面铺装

　　根据效果图的地面样式绘制铺装，客厅中有两种地面材料，一是1200mm×600mm的仿古砖，二是门下石。门下石可直接填充。仿古砖由于要调整砖缝的位置，尽量保证不出现小块的拼接，所以都是采用画线（L）命令与偏移（O）命令手动绘制。

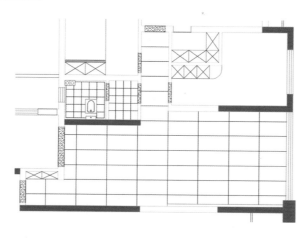

（3）标注

铺装完成后进行标注，标注包括引出标注与文字说明。

天然大理石窗台

300X300防滑地面砖

人造石挡水条
天然大理石

300X300防滑地面砖

多层实木地板

300X300防滑地面砖

600X600地面砖

多层实木地板

300X300防滑地面砖

1200X600地面砖

注：所有门下石采用天然花岗石

地面铺装图 1:60

2.7.3 绘制电视墙立面图

（1）建立立面框架

绘制立面前，先复制一份平面布置图与顶面布置图。将顶面图放在上方，平面图放在下方，并上下对齐，平面图的方向也要与立面图的方向一致。室内立面图的高度为设计完成面的高度，这里取2.8m。

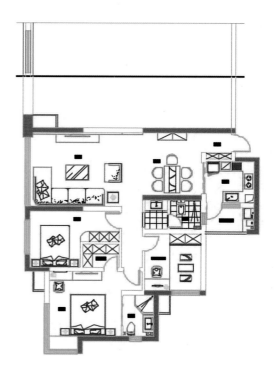

（2）绘制吊顶立面

吊顶的剖面形式可以通过SU中的剖面功能查看，本案例中为了更好地表现电视墙立面图的整体性，剖面并不是与墙平行的，而是以一定的角度剖切的。

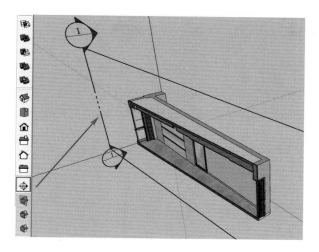

建立剖面后切换到右视图，同时将透视显示方式改为平行显示方式，可以看到完整的电视墙立面。

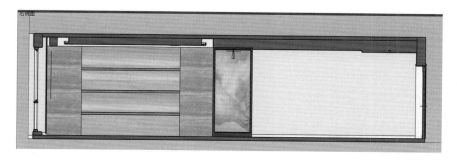

根据SU的立面形态，绘制吊顶的剖面。

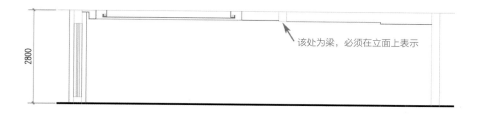

（3）绘制墙面造型

根据效果图上电视墙造型，先将墙面划分成电视背景墙、对景画框和餐厅墙面三个部分，然后再对电视墙进行砖缝的分割。具体的尺寸样式如下图所示。

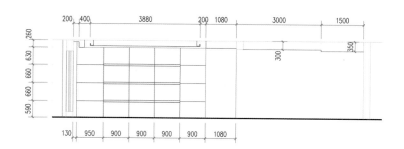

（4）绘制立面细节

立面细节包括墙面石材的填充，家具、灯具、电视机、踢脚线、软装饰品直接调用模型即可。电视机挡住石材的位置，可以用修剪（TR）命令修剪石材多余的线条。

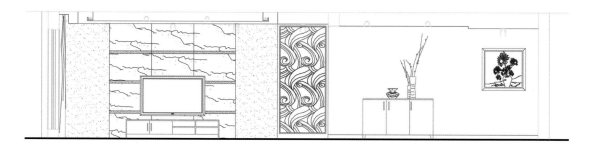

（5）标注

标注包括立面尺寸标注与材料引出标注。注意，立面的比例与平面不一样，参考2.2.1小节中的比例与画框的计算方法，确定立面比例为1∶50，标注之前在天正菜单—天正选项中，把当前比例改为50，然后再进行标注。完成后的电视墙立面如下图所示。

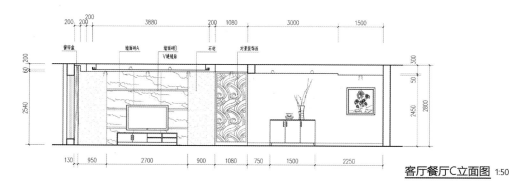

客厅餐厅C立面图 1:50

> **提示：** 在模型空间中标注，不同的图，标注比例不一样，尤其是在修改与追加标注时要注意检查当前比例是否一致。

2.7.4 绘制吊顶节点大样图

一般来说，如果不是特殊造型，节点大样图可以通过图集查找和引用，也可以利用已有的节点大样模型库进行修改。本案例将采用对图集的图库进行修改的方法，绘制窗帘盒与发光灯带位置的节点图。

（1）准备工作

从装修施工图图集中找到石膏板吊顶暗藏灯带做法详图与窗帘盒做法详图。

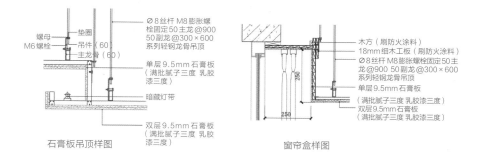

将立面图中窗帘盒与灯带部分的图形复制一份出来并整理，删除多余部分的线条，完成后如右下图。

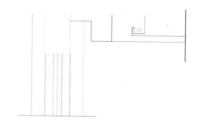

（2）修改样图

根据立面图上的设计尺寸，修改图集样图的尺寸，得到两个部分的图形。

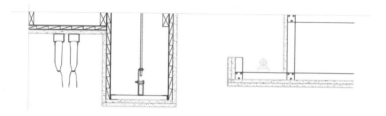

将修改后的图形移动到之前的立面部分。在"天正选项"中设置比例为10，然后点击"折断线"工具，加入两条折断线。

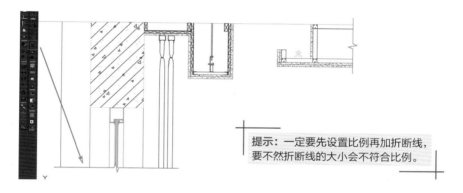

提示：一定要先设置比例再加折断线，要不然折断线的大小会不符合比例。

（3）标注

根据图集样图上的材料，对详图进行引出标注。一般说来，引出标注线的上方为材料名称，下方为做法说明。然后进行尺寸标注。最后回到立面图上，在节点位置加入索引标注。

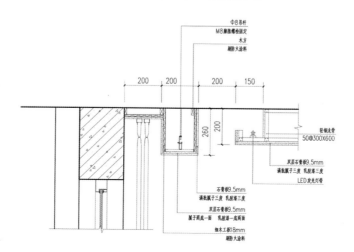

　　本章详述了一个完整的室内客厅空间模型制作的全过程，其中SU和天正两大软件的常用功能基本上都有涉及。

　　在绘制户型框架的过程中，应该严格按照"轴线—墙柱—阳台—门窗洞—家具—比例测算—标注"的步骤进行操作。

　　在建模的过程中，则是按照"整理平面—导入—墙体—洞口—门窗—硬装造型—家具—软装饰品"的步骤进行绘制。

　　在节点大样图的绘制中，重点讲解了利用图集中的样图进行修改的方式。

　　关于材质，讲解了常用的几类材料，包括仿古砖、金属、玻璃、发光灯槽、外景。本章涉及的反射与折射的参数只是基础，并未深入展开，但对于大多数的材料已可以应对，关键是需要理解与记忆。

　　在灯光讲解中，重点是叠光法的使用，这种方法配合局部照明，就能简单有效地完成空间中的布光。

　　在渲染设置部分，完整讲解了CPU渲染模式下的草图参数与正图参数的设置方式，涉及的参数都做了详细的说明。

第3章
北欧风格卧室

　　北欧风格是起源于斯堪的纳维亚地区的设计风格，因此也被称为"斯堪的纳维亚风格"。当下在室内设计中流行的北欧风格，可以认为是现代主义在北欧地区区域化发展的表现。

　　北欧风格具有简约、自然、人性化的特点。主要表现在：第一，空间形式简洁实用，造型装饰克制，力求形式和功能的统一，室内的顶、墙、地三个界面，完全不用纹样和图案装饰，只用线条、色块来区分点缀。第二，强调自然材料的使用，经常使用木材、石材、玻璃和铁艺等，并保留材质的原始质感。第三，室内大面积色彩的搭配主要是以原木色与高级灰为主，局部小面积使用低饱和度、高明度的色彩来进行装饰。第四，家具具有明显的"斯堪的纳维亚"国家的工业设计的特点，注重功能，具有简约的几何形态或高度简化的自然形态。第五，软装饰上体现对传统的尊重，呈现出对手工艺品的偏爱，它们的形式柔和、有机，富有浓厚的人情味。

本案例的户型是一个三居室，面积约112m²，户型平面图如右上图所示，客户主要需求如下。

a. 大阳台封窗，增大客厅面积。

b. 设置两间卧室，一间儿童房。

c. 卫生间干湿分区。

d. 尽可能隐藏顶上的横梁。

结合业主需求和常规设计思路绘制平面图，本户型的平面布置图比较简单，具体绘图方法参见2.2.2小节的内容，完成后如右中图所示。

这里说明一下绘制过程中的一些细节（右下图）。

①大阳台上的杂物柜不能紧靠窗，要预留窗帘的位置。

②入口鞋柜与主卧室衣柜处都增加一段墙体，让柜体以嵌入式的方式放置，使设计具有整体性。

③改变厨房门的位置，将共用卫生间的窗置入生活阳台上，避免卫生间窗开在厨房，产生心理不适。

④次卧门洞位置变化是为了让衣柜占满整面墙体，增加更多的收纳空间。

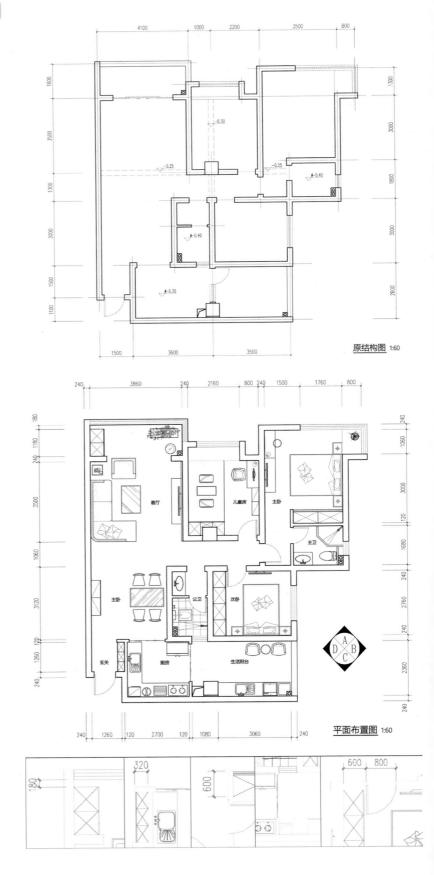

原结构图 1:60

平面布置图 1:60

在平面布置图的基础上，绘制墙体改建图，方法参见2.2.3小节的内容，完成后如下图所示。

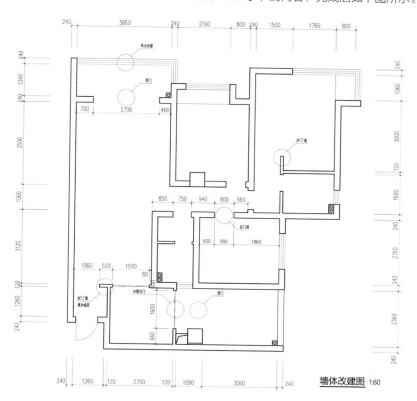

墙体改建图 1:60

3.3　SU建模部分

3.3.1　CAD导入

　　整理墙体改建图，删除标注、文字等多余部分。在天正菜单"文件布图"—"图形导出"中保存为"天正3格式"。对天正3图形进行二次整理，导入SU，导入时注意设置单位为毫米，导入后如下左图。二次整理中除了删除一些废线外，还需要注意主卧室与儿童房是飘窗，突出部分不用导入。

3.3.2　建立墙体与门窗

　　对线图描线可直接由线成面，用推拉命令向上拉升2800mm。接下来绘制每个门洞口的墙体和窗洞口的墙体，形成门窗洞口（下右图）。

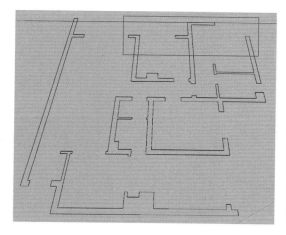

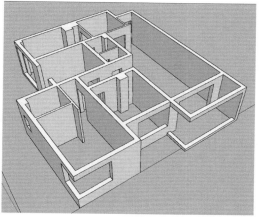

绘制主卧室飘窗台，在外墙上画出飘窗上三个方向的结构线，向外推出800mm。

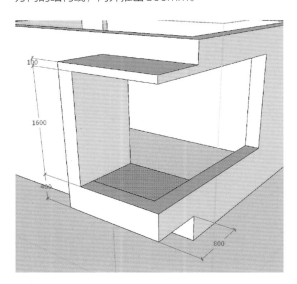

画出飘窗台的矩形，向下挤入300mm。儿童房飘窗部分可参考上述方法绘制。

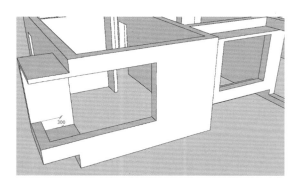

接下来绘制门窗，门窗建模可参考2.3.2小节的内容，绘制玻璃时要同时赋予透明材质以示区别，完成后如下图。衣柜处新增的墙体可暂时不绘制，后面与吊顶一起建模，有利于侧面材质的统一。

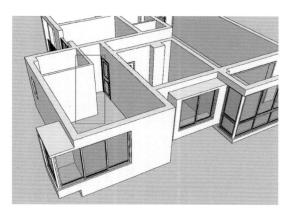

3.3.3　制作吊顶

卧室吊顶比较简单，由两部分组成，一是入口吊平顶，二是阴角线。

入口处吊顶与衣柜上方吊顶是一个整体，同时还应该与新增墙体一起绘制，吊顶厚度设置为250mm，其他尺寸参见下图。

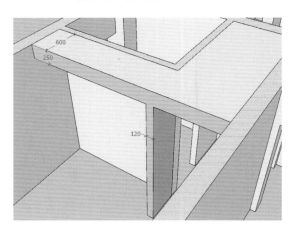

阴角线采用路径跟随（F）的方法制作。导入厚度为100mm、式样简单的阴角截面，放置在吊顶边缘，再画一个矩形作为阴角线的路径。

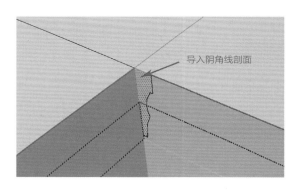

先选择矩形，然后点击"路径跟随"，再点击截面。

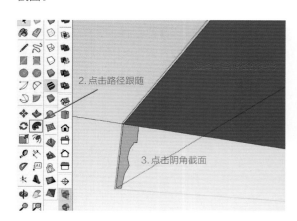

完成后发现模型面是反的，同时也有很多线条，接下来对模型进行调整。三击鼠标左键可将阴角线全部选中，打开"柔化边线"面板，勾选"平滑法线"，并调整"法线之间的角度"，获得精简后的模型。

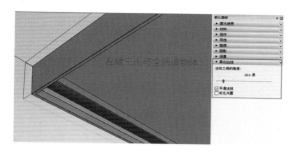

然后删除模型中多余的顶面部分，将上部缺失的部分画线封面。

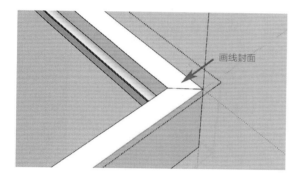

完成后的吊顶如下图。

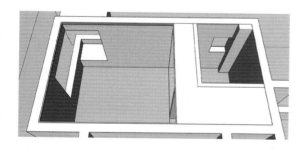

提示：截面与路径应在同一个组中并且该组没有其他物体。

3.3.4　衣柜建模

衣柜是由柜体与柜门两个部分组成。先来绘制柜体，在衣柜位置绘制矩形，成组后推出590mm，用偏移命令偏移出柜体边框40mm，底部再向上移动60mm，形成100mm的衣柜踢脚。中间部分向内挤入580mm，形成柜体。

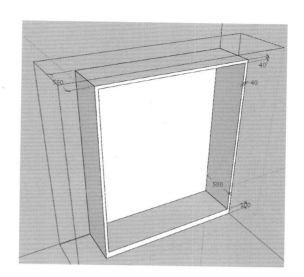

由于只展现柜门关上的形态，就不用再绘制柜体内部的分割。衣柜柜门的绘制方法与窗的绘制方法一样，具体可参见2.3.2小节的做法。

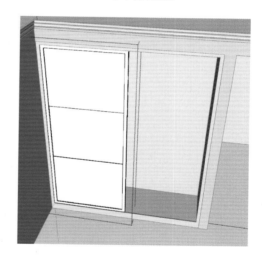

提示：在SU的家具建模中要特别注意分面的问题。以这个衣柜为例，柜体与墙体之间、柜体边框与柜门边框之间、柜门边框与柜门主体之间，都不能平接，需要有一定的尺寸差异或者是采用留缝的方式。这是因为如果材质一致的情况下，平接是无法表现出结构变化的。

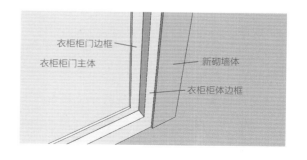

衣柜完成后可赋予相应的贴图。

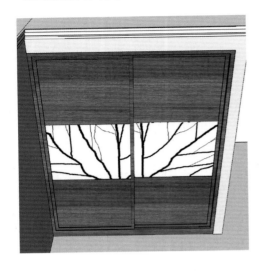

3.3.5　制作地面与踢脚线

　　地面绘制的方法与2.3.4小节的地面一样。这里说明一下地面材质的区别，本案例主卧室采用木地板材质，两个空间中相同木地板材质的过渡是使用铝合金收口条。主卫生间采用地面砖，木地板与地面砖的过渡采用门下石。

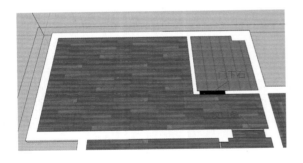

　　踢脚线还是采用拉线成面的方法绘制。

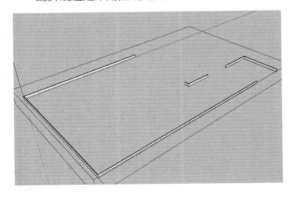

3.3.6　制作窗帘盒与窗台石

　　本案例中的窗是比较特殊的造型，它是飘窗接一个转角窗，无法使用常规窗帘盒的造型，所以采

　　用外置式窗帘盒。这种窗帘盒不安装到顶面，而是紧贴着窗的上部安置，设计参数如下图。

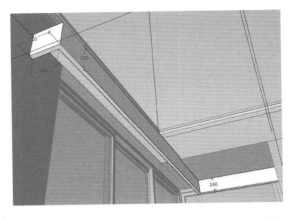

　　窗台石使用的石材要注意几点设计细节，从下图中可以看出：石材有厚度，安装石材的水泥砂浆也有厚度；石材在正面与侧面都冒头；石材外侧边加厚，石材的正面边倒斜边。

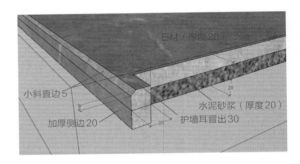

　　在实际绘制时只需要推出一个高度为40mm的长方体，再向外推出20mm，然后将凸出部分沿墙推出30mm，最后倒斜边即可，完成后的效果如下图。

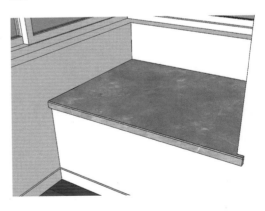

3.3.7　导入家具与软装模型

　　模型完成后，导入家具与软装。卧室区域要导入的模型有床、床头柜、斗柜、梳妆台、电视机、

以及其他一些软装饰与室内绿植。导入的模型中，一些贴图要做相应的调整。

模型导入后即时运用清理场景，避免留下多余的组件与材质。前期绘图过程中如果没有对图层进行管理，那么在模型完成之后要对场景进行图层分类。对于本案例，图层的分类形式如下图所示。图层的合理使用能够增强对场景的管理，提高绘图效率，减少草图阶段的渲染时间，实现场景模型的快速查找。

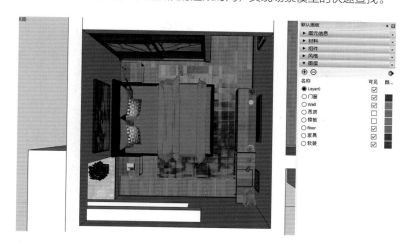

3.4　灯光布置（夜间场景的布光方式）

3.4.1　设置相机

按照2.4.1小节设置相机的方法，设置本场景中的相机。将相机位置设定在墙脚处，如下图所示，然后进行相应调整。卧室空间较小，相机在空间内不适合一点透视的构图，所以这里采用两点透视的构图。

设置完成后的效果如下图，相关参数分别是：视高1.2m，视角50°，两点透视选项保证场景竖向线垂直，最后建立场景页面。

固定相机视角后，建立外景模型，这里使用的是一张夜景图作为外景。该处为转角窗，只用在视图可见的一侧设置外景即可。

3.4.2　设置主光源（平面主光与IES灯光）

（1）布置VRay平面光

本场景中的主光源为卧室顶部中央的吸顶灯和走廊的两盏射灯。吸顶灯采用VRay平面光，射灯光源采用IES灯光。在顶部画出VRay平面光，放置在正中，平面光的尺寸为40mm×40mm，尺寸可在灯光参数中调整。由于相机视角看不到顶部，所以这里就没有安放吸顶灯的模型。

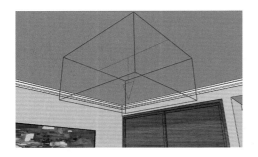

（2）布置IES灯光

在走廊顶部放置IES灯光。点击"IES灯光"，会弹出选择光域网文件的窗口。

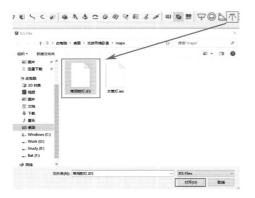

选择相应的光域网文件，然后直接点击顶面即可（默认灯光向下照射），完成后再复制一个。

光域网是灯光的一种物理性质，表示光在空间中发散的方式。通俗地讲，就是灯光在墙面或地面上形成不同样式的光晕效果。不同的灯在空间中的发散方式是不一样的，不同品牌的光源发散出来的效果也不一样，所以才有了不同的光域网文件。

3.4.3 设置辅助光源（台灯与环境光）

（1）布置网格灯光

本场景中的辅助光源有三个，一是台灯，二是窗外的环境光，三是卫生间的灯光。

台灯的光源采用网格灯光，网格灯光能将实体模型转换为灯光。选择台灯下方的灯条部分，然后

点击"网格灯光"，完成后灯条部分既是模型同时也是灯光。

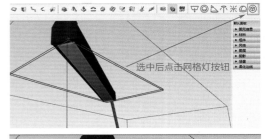
选中后点击网格灯按钮

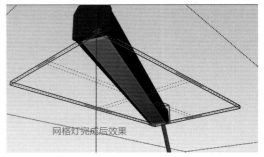
网格灯完成后效果

这里要注意两点：一是网格灯光的效果要好于自发光材质，对于关键性的可见光源尽量采用网格灯光；二是模型变成网格灯光的条件是内部无嵌套的模型组。

（2）布置环境光和卫生间灯光

环境光布置比较简单，在窗口处用VRay平面光模拟环境光即可，平面光的面积大小与窗口一致。

卫生间灯光的作用是不让卫生间玻璃门显得过暗，平面光能让卫生间亮起来，将平面光放在卫生间的顶面即可。

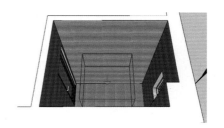

3.4.4 白模渲染

　　由于本场景为夜间效果，所以在渲染之前应该关闭默认的阳光和环境光。同时，隐藏窗玻璃，让环境光可以照进室内。在渲染前调整灯光的颜色，射灯和台灯为暖黄色，吸顶灯为暖白色，代表环境光的平面光为浅蓝色并调低强度（下左图）。同时关闭阳光、卫生间灯光，其他参数先保持默认。

　　接下来设置渲染参数，注意还要关闭渲染面板中的环境光，覆盖材质不能太亮（下右图）。

　　初次渲染完成的效果如下图所示。

　　初次渲染后的效果非常暗，可以通过增加灯光的强度来提亮画面，也可以通过曝光控制来整体调亮。将曝光值调到10，再次渲染后的效果如下图所示。曝光值的调整能迅速控制场景的明暗，比一个个单独调整灯光参数更为快捷有效。

调整曝光值后画面明显变亮了很多，但是由于是整体变亮，光与光之间缺乏层次，接下来单独对每盏灯光进行调节。可反复尝试得到自己满意的效果，最终效果图和最终灯光参数如下图所示。

3.5 材质调节

3.5.1 设置地面材质

设置材质前，先讲解不透明材质设置的基本思路。大部分不透明的材质都包括三个属性：漫反射、反射、表面肌理。漫反射是指材料表面的颜色、图案，也就是在 SU 中直接观察到的效果。反射是指材料表面反光的性质，包括菲涅尔反射和无菲涅尔反射，前者反射与观察角度有关，后者反射与观察角度无关，一般说来无菲涅尔反射能得到强烈的反射效果；反射还包括模糊反射与不模糊反射。肌理是指材料表面的凹凸起伏效果，绘图时一般通过凹凸贴图来实现。

本案例中的地面采用亚光面的显纹木地板，根据上面不透明材质的属性可以得知，木地板的漫反射为一张木地板的贴图；木地板的反射为菲涅尔反射，同时表面为模糊反射；木地板的显纹特征则是通过加入凹凸贴图实现，这里可直接使用木地板的漫反射贴图作为凹凸贴图。

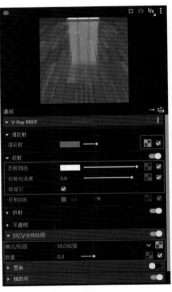

> 提示：加入凹凸贴图后，会增强材料的模糊效果，所以在反射选项中光泽度数值设置得较高，为0.9，凹凸贴图的强度数量设置为0.4。

调整后的参数如上图所示。

地面材质还包括普通地毯，地毯材质漫反射为一张地毯花纹的贴图，无反射，有肌理。有肌理就需要加上凹凸贴图，这里加入一张地毯凹凸纹样的灰度图，将数量设置为10。观察预览图后发现凹凸效果比较稀疏，接下来点击"贴图"按钮，进入贴图面板，将"重复U/V"选项增大到4（增加贴图表面U方向与V方向上贴图重复的次数），这样就得到了地毯材质。

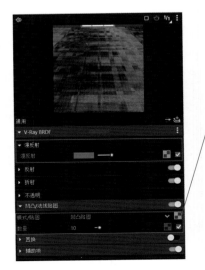

3.5.2　设置墙面材质与顶面材质

　　墙面材质与顶面材质都是乳胶漆，乳胶漆反射极弱，所以不用考虑反射的设置，直接在SU材质编辑器中选择一个合适的颜色即可。顶面颜色在家装中一般用纯白色，阴角线的颜色与顶面一致，墙面颜色本案例中采用浅咖啡色。具体参数如下图所示。

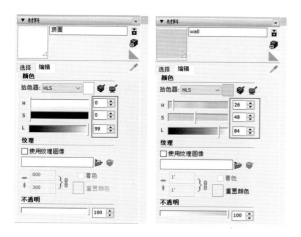

3.5.3　设置门窗材质

　　门窗的边框材料为铝合金表面白色烤漆，反射较弱并具有明显的模糊特征，因此将反射光泽度调为0.8，取消勾选菲涅尔反射。对于大部分金属材料，调整时都要取消菲涅尔反射，只通过灰度值来调整反射的强弱，具体参数如下。

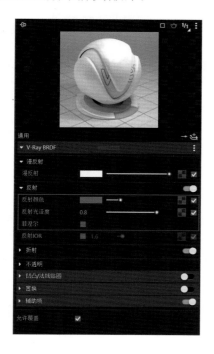

　　窗玻璃为普通建筑玻璃材质，设置参考2.5.5小节。门玻璃为磨砂玻璃材质，磨砂玻璃的设置是在白玻璃的基础上降低折射光泽度。折射光泽度反向理解就是折射物体的磨砂程度，1表现为光泽无磨砂，小于1表现为磨砂，数值越小表示磨砂程度越高，这里把折射光泽度调成0.7，具体参数如下。

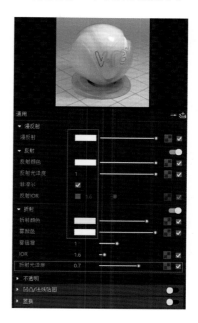

3.5.4　设置衣柜门材质

　　衣柜包括两种材质，一是木纹的免漆板，二是烤漆玻璃装饰面。免漆板的反射表现为菲涅尔反射加模糊反射两种特征，调节反射灰度（反色颜色），反射光泽度设置为0.85，具体参数如下。

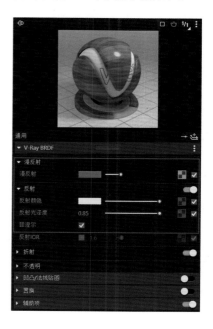

玻璃是比较典型的菲涅尔反射材料，烤漆玻璃可以理解为无折射的玻璃加上了漫反射贴图，具体参数如下。

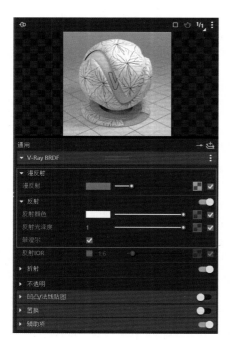

3.5.5　设置深色金属材质

场景中台灯支架为深色金属。将其漫反射设为黑色，反射灰度较小，无菲涅尔反射，反射光泽度为0.9，具体参数如下。

对于反射光泽度的常规设置，可以通过记忆几个特征值来帮助我们理解材料的反射模糊程度。镜

子为1，能进行完全的反射，没有模糊感；抛光金属和抛光漆面大于0.9；普通漆面为0.8~0.9；小于0.7时有明显的磨砂感。

3.5.6　设置皮革材质

皮革材质的标准设置是，漫反射为皮革本身的颜色，反射值中等，反射光泽度为0.5~0.6，凹凸贴图为皮革的肌理图。本场景中因为床头离视点较远，所以肌理的凹凸感并不明显，采用了简化处理，漫反射采用皮革的纹理贴图而不设置凹凸贴图，具体参数如下。

本案例采用GPU渲染的方式。

3.6.1　测试渲染

GPU渲染的速度基于显卡的计算能力而定，和CPU渲染相比，参数调节更加简单，而且不会出现CPU渲染设置精度不够而产生的光影错误。但是，GPU渲染相对较慢，所以在测试渲染时，一般会关闭降噪，测试效果如下图所示。

测试设置参数如下图。采用GPU渲染时，"全局照明"的"一次光线反弹"是采用固定的强算方式，"二次光线反弹"采用灯光缓存的方式，为提高速度将"灯光缓存—细分"设置为500，其他渲染参数与白模渲染参数一致。注意在渲染前要取消之前的材质覆盖。

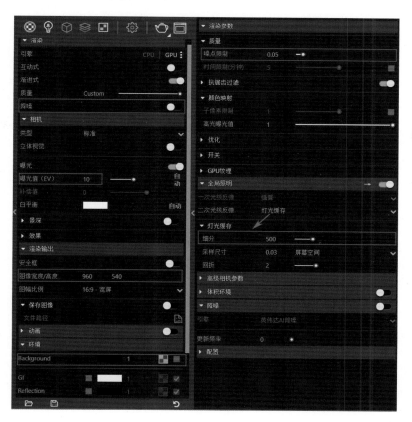

3.6.2 最终渲染出图

测试渲染完成后，调高参数进行正式渲染，主要调节的参数是：勾选"降噪"，采用Nvidia降噪引擎；图像大小采用全画幅1920×1080；"抗锯齿过滤"采用Lanczos算法并设置为1；"灯光缓存—细分"为1500。

下面详细解释一下调整的参数的含义。

（1）正式图的图像尺寸一般为测试图的两倍，也就是说面积为4倍比较恰当，观察起来也更清楚。

（2）"抗锯齿过滤"是指渲染画面中物体轮廓线的平滑程度，"Lanczos算法"的默认值为2，数值越高，边缘越模糊，这里设置为1，可以得到一个更清晰的物体边界。如果数值设置较大，可以呈现出一种柔光镜的效果。

（3）"全局照明"可以理解为模拟真实光线的照明方式。"强算"是计算最准确也最耗时的方式，"灯光缓存"则是计算速度最快的方式，但是灯光缓存在细节上尤其是小角落的计算不准确，所以一般都只用作二次反弹的运算。

设置好参数后渲染出图，完成后打开帧存缓窗口中的显示控制面板来微调，得到最终效果图。

3.7.1 绘制顶面布置图

本案例以主卧室吊顶制作为例，具体步骤如下。

（1）整理顶面基本框架

复制平面布置图作为顶面布置图的基本框架，复制前将不需要的家具删除。在整理家具时，到顶的家具要保留，同时将原始结构图上的梁用蓝色虚线绘制到顶面布置图中，并且标注出梁的高度。因为顶面布置图上看不到门，所以要把门的模型替换为门洞的形式。具体操作如下：选中门，单击右键，选择"门窗替换"，弹出门窗面板，选择"门洞"，更改门洞样式，修改门洞参数与门一致，整理后的效果如下图所示。

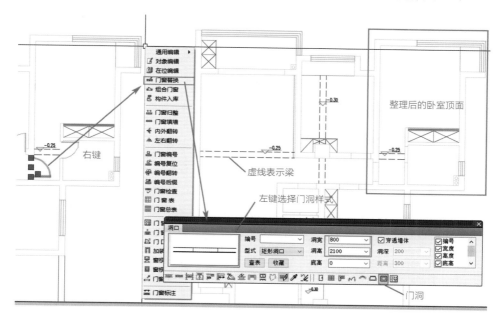

（2）绘制吊顶造型

卧室吊顶很简单，只有卧室走廊区有吊顶，画一根线和新增墙平齐就可以了。主卫生间采用铝板集成吊顶，绘制方式是：点击边界（BO）命令，弹出对话框，在卫生间内部拾取点，如右图所示，这样就产生了沿卫生间内部边缘的一条多段线，将该线向内偏移30mm，得到集成吊顶的收口线。

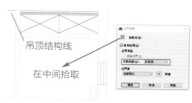

然后用填充（H）命令中的"用户定义"图案，设置300mm×300mm的铝板尺寸，再拾取卫生间内部点，得至集成吊顶板的分线。其中可以通过调整原点位置，确定整块铝板出现的位置。

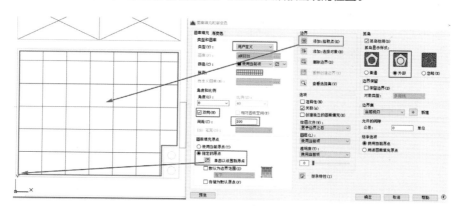

用同样的方法，配合边界命令和偏移命令，可以绘制出卧室上方的阴角线，阴角线的偏移值为40mm和20mm。完成后可将蓝色虚线隐藏，吊顶造型完成后的效果如右图所示。

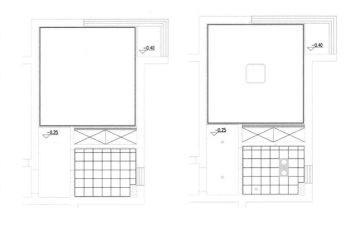

（3）照明布置

直接将灯具模型调入即可。主卧上方为吸顶灯，卧室走廊上方为两盏射灯，主卫生间为600mm×300mm集成式浴霸，洗面台上方有一盏镜前灯（左图）。模型大小和样式要符合规范要求。

（4）标注

最后对顶面布置图进行标注，顶面标注不宜过细。一般说来，尺寸标注是针对顶面造型进行的标注，下面是完成标注后的顶面布置图。

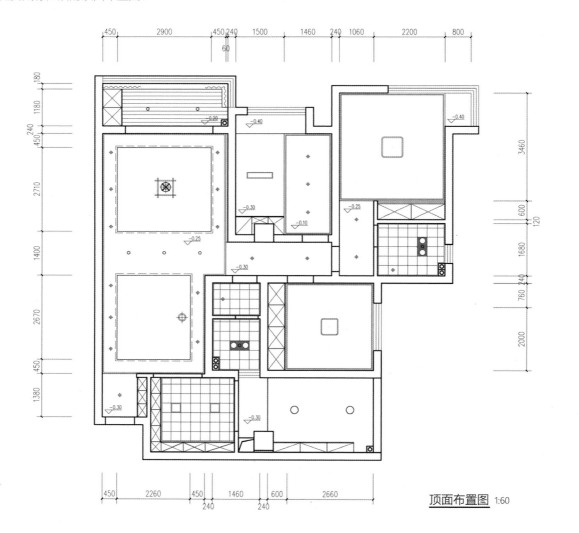

顶面布置图 1:60

3.7.2 绘制地面铺装图

（1）整理地面基本框架

方法同2.7.2小节，复制平面布置图并删除所有非固定式家具和软装，作为地面布置图的基本框架。将门的模型修改为门洞，然后再用直线命令（L）封门下石。淋浴房地面采用整块石材加排水槽的设计方式，同样用直线命令绘制，两个排水槽的宽度均为100mm。完成后的基本框架如下右图。

（2）绘制地面铺装

本案例中主卧室地面为木地板，卫生间为300mm×300mm的防滑地面砖，门下石为花岗石，窗台石和淋浴房地面为大理石。根据相关的图例要求，用填充命令（H）绘制铺装图案（下左图）。

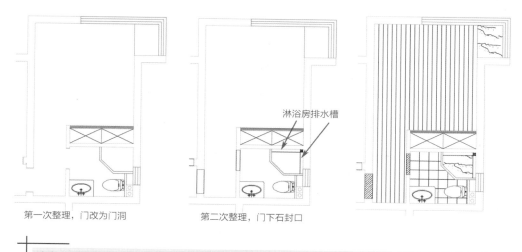

第一次整理，门改为门洞　　　　第二次整理，门下石封口

淋浴房排水槽

> **注意：** 一是表示木地板的线应该与窗户是垂直关系，符合实际的安装要求；二是填充的图案或线条一定要放在填充图层，这样便于管理。

（3）标注

铺装完成后进行标注，以引出标注的形式来说明材料，得到完整的铺装图。本案例地面上没有拼花边线这类复杂装饰，可以不画尺寸标注。

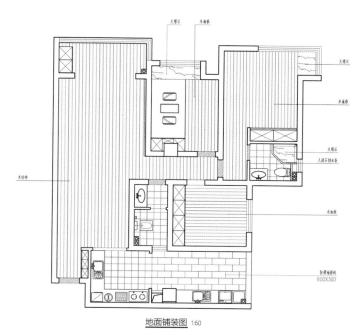

大理石　木地板

大理石

水泥板

大理石
人造石排水条

木地板

木抛砖

防滑地面砖
500X300

地面铺装图 1:60

3.7.3 绘制卧室立面图

（1）建立立面框架

可以结合SU中的剖面功能更好地理解立面图的绘制。在SU中点击"剖面"工具，在场景中建立剖面，并移动到主卧室过道所在位置，方向指向平面图上的D面。

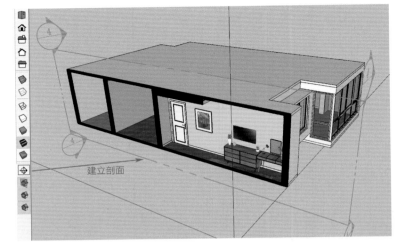

建立剖面

将场景切换至左视图并取消透视显示，这样就在SU中得到了主卧室D立面图。为了得到便于观察的线框图，取消剖面填充。

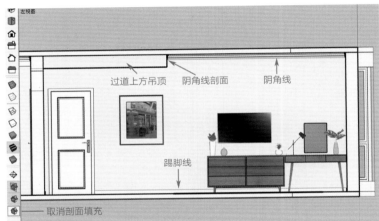

左视图

过道上方吊顶　阴角线剖面　阴角线

踢脚线

取消剖面填充

根据SU中的线框图尺寸关系，在CAD中绘制立面框架。图中的紫色线条可以理解成剖切面经过的地方。由于SU中的剖切面越过了外置窗帘盒，虽然在SU中的剖面上并不能看出来，但为了更好地表达结构关系，最好将窗帘盒的剖面结构绘制出来。

外置式窗帘盒，木作厚度40mm

（2）深入绘制立面

接下来绘制立面上的其他部分，主要包括家具、门、窗帘、电视机。具体家具的绘制可以参考SU中家具模型的尺寸，也可以直接调用CAD图库中的家具。

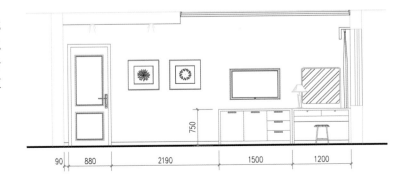

（3）标注

标注前先设置立面的比例，通过测试后可知，在一张A3画幅的图纸上可以放下4张1：40的立面图。在天正选项中把当前比例改为40，然后再进行标注。完成后的主卧室电视墙立面如下图所示。

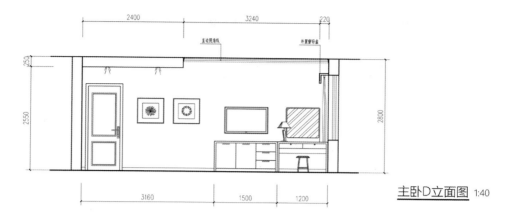

主卧D立面图 1:40

3.7.4 绘制衣柜大样图

衣柜主要由柜体与柜门两个部分组成。本案例中的衣柜门为推拉门，门框材料为铝镁合金，门板材料为装饰木镶板与烤漆玻璃。根据模型尺寸先来绘制衣柜立面，衣柜外边框为40mm，衣柜踢脚高度为60mm，衣柜门框宽度为30mm。绘制时注意门扇与门扇之间的交错。

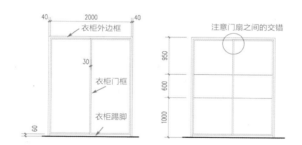

大框架完成后，分割门扇上的材料，然后进行填充。最后对立面进行尺寸标注与文字标注。

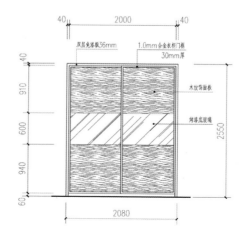

接下来绘制衣柜内部的详图。由于衣柜为板式结构，材料要根据实际的板材规格来进行绘制，所以尺寸会与立面有少许误差（立面尺寸数值一般取整）。衣柜内部的分区要根据需求来设计，本案例中的衣柜采用18mm免漆板，所以衣柜的外框是双层免漆板，尺寸为36mm。沿衣柜长度方向分成三个部分，主要是因为衣柜的长度是2080mm，分成三个竖板有利于结构的持力。上下分成两个部分，上部主要用来放被子之类不经常拿取的物件，下部分成上衣挂区、裤子挂区、长衣挂区、抽屉2个（其中1个为格子抽），以及其他收纳区。

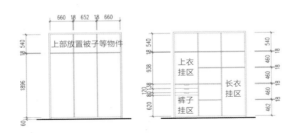

完成后进行标注，添加衣物等模型。

根据衣柜外立面与内部立面，绘制衣柜的剖面详图。衣柜的总深度为600mm，其中背板为免漆板，厚度为9mm，隔板深度为500mm，剩下91mm为推拉门所占的位置。推拉门是双轨道，门框厚度为30mm，门扇采用木纹装饰板，中间嵌入玻璃，完成后如下图。

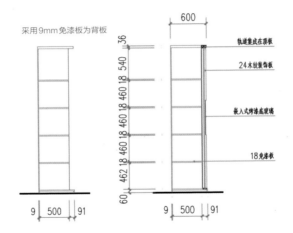

3.8　本章小结

本章场景在建模过程中，严格按照标准步骤来绘制模型框架。其中增加了两个常用的技巧，一是家具建模中的分面关系，二是利用路径跟随功能制作阴角线。

在详图的绘制中，重点讲述了家具施工图的完整绘制方法。

在材质的讲解中，重点介绍了菲涅尔反射、反射光泽度、凹凸贴图的性质与具体运用。同时也涉及了磨砂玻璃、皮革的调整方法。

在灯光讲解中，重点是夜间布光的方式以及曝光控制的应用。曝光控制大大简化了灯光调整的步骤。原来需要对每盏灯进行调整，使用曝光控制后，简单几步就能调整出有层次感的光照氛围。具体方法是：按照明方式布光，强度为默认值—调整曝光值到达整体亮度效果—调整局部灯光强度形成光照层次。

在渲染设置部分，完整地讲解了GPU渲染模式下的草图参数与正图参数的设置方式，并对调整时新涉及的参数作了详细说明。

第4章

简欧风格餐厅

　　简欧风格，顾名思义就是简化了的欧式装修风格，欧式风格泛指欧洲特有的风格。根据不同时期可分为：古典风格（古罗马风格、古希腊风格）、中世纪风格、文艺复兴风格、巴洛克风格、洛可可风格等。根据不同地域文化则可分为：地中海风格、法国巴洛克风格、英国巴洛克风格、北欧风格等。简欧风格狭义上指的是将传统欧式风格中的元素在造型上进行简化后与现代风格相结合形成的一种装修风格。这种风格一方面保留了欧式风格的材质、色彩的大致特征，可以感受历史的痕迹与传统文化的底蕴，另一方面又摒弃了过于复杂的肌理和装饰。

　　简欧风格的主要特点如下：一是传统欧式装饰元素的简化运用，比如欧式造型的阴角线、护墙板线、卷草纹样的墙纸等元素的使用，这些要素必不可少，但是又不像传统欧式风格中使用得过于频繁；二是在造型上注重对称性，比如在电视墙与背景墙的设计上，注重造型的对称性；三是在色彩搭配上，简欧风格的主色调一般采用明快清新的色调，比如米黄色、象牙白、浅咖啡色等浅色调，并且采用深棕色、深蓝色、深灰色等深色调作为辅助色来丰富空间层次；四是家具与软装上通常选择带有欧式元素细节的造型，大部分边角都有车边与圆角的处理，比如灯具常采用铁艺枝灯或水晶灯，实木餐桌椅上都有精细的曲线纹样。

4.2 天正平面布置

本案例中的户型是一个三居室，面积约105m²，户型平面图如下图所示，客户主要需求如下。

a. 大阳台封窗，增大客厅面积。

b. 设置三间卧室，小孩住的一间要带书桌有学习功能。

c. 卫生间干湿分区。

d. 尽可能增加收纳功能。

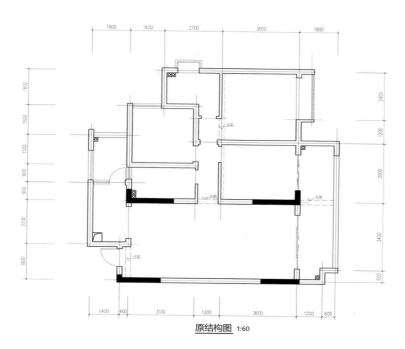

原结构图 1:60

结合相关需求和常规设计思路绘制平面布置图，绘图方法参见2.2.2小节的内容，完成后得到下图。

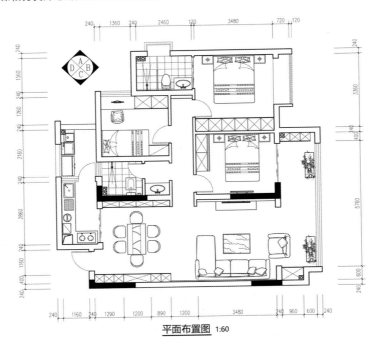

平面布置图 1:60

绘制过程中的一些设计细节如右图所示。一是新增走廊上墙段的长度，使酒柜与电视墙造型以嵌入式的方式布置。二是改变儿童房门的位置，使门后可增加一个收纳的柜子。三是将主卧室门开在走廊侧面，同时将主卫生间的空间由不规则形变为方形，这样既可以使主卧室的衣柜占满整个墙段，充分利用暗角区域的收纳功能，也能让卫生间更便于布置。四是经过调整后的走廊空间有点偏长，在走廊尽头增加对景墙造型。

在平面布置图的基础上，绘制墙体改造图。

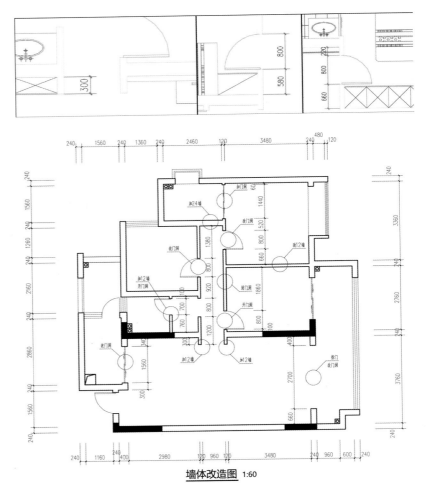

墙体改造图 1:60

4.3.1　CAD 导入

　　在天正中整理墙体改造图，删除标注、文字等多余部分，然后将该文件另存为"天正3格式"。对天正3图形进行二次整理，删除门窗、阳台，整理后得到下图。

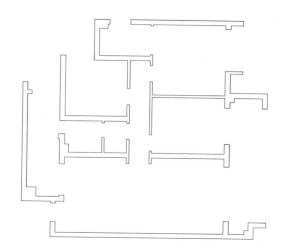

　　接下来导入SU中，画线封面，用推拉命令向上推出2800mm，建立墙体框架。

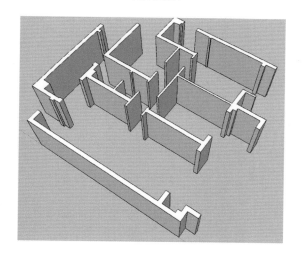

4.3.2　建立墙体与门窗

　　根据现场尺寸完成门窗洞口与阳台，通往两个阳台的门洞高度为2400mm，其他门洞高度统一取2100mm。阳台底高200mm，中空高度为2200mm。窗的高度可在天正图纸中双击窗来查询，完成后的墙体如下图所示。

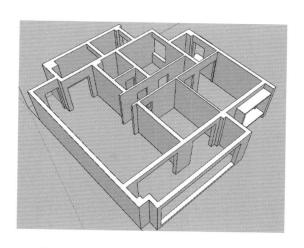

　　接下来绘制门窗，具体方法可参考2.3.2小节的内容，绘制时赋予玻璃材质。注意：在本案例中，外墙上的门窗玻璃要单独建立一个图层，命名为"外墙玻璃"。

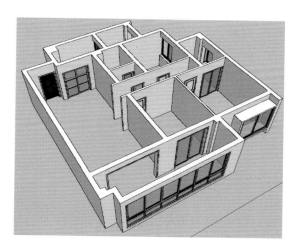

4.3.3　制作吊顶

　　吊顶的设计以客餐厅为例，顶面可以分为4个区域，分别是走廊区、过渡区、餐厅区、客厅区，下面分别绘制每个部分。

　　（1）走廊区吊顶

　　走廊区有梁，因此将设计高度与梁平齐。走廊尽头有对景墙造型，一并将它设计到一起，具体尺寸如下。

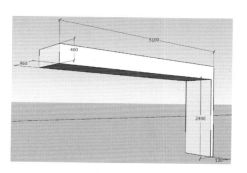

对景墙设计为欧式元素的拱线造型，具体尺寸如下。

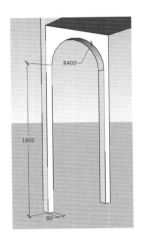

通过画圆得到半圆，画圆时的片段数设置为32s，这样可获得一个很平滑的效果。从CAD模型中导入阳角线截面，封面成组并将它放置在拱形的底部，然后选中拱形的两条竖线与半圆。

复制（Ctrl+C）拱形线，进入阳角线截面组中，原位粘贴（Alt+V）拱形线，这样截面与拱形线路径就在一个组里面了。

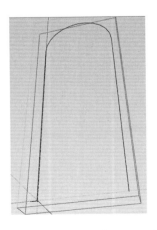

使用路径跟随工具，可以生成拱形阳角线造型。

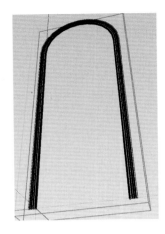

可以看到造型上的线非常密集，这是因为截面上有弧线，可以将其全部选中后，利用柔化面板进行平滑，勾选"平滑法线"选项并设置为30°，这样就得到一个更为真实的阳角线造型。

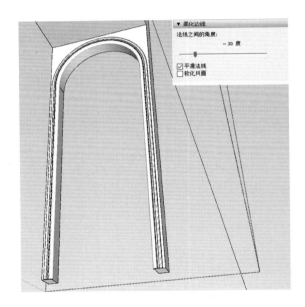

走廊上方如果是平面，体现不出简欧风格的特点，所以绘制三个凹入的方形造型，尺寸为600mm×600mm，上凹100mm，位置与尺寸如下图所示。

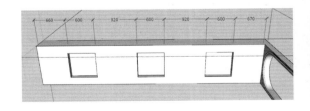

接下来利用路径跟随工具，绘制方形造型四周的欧式线条，得到最终走廊区的完整模型。

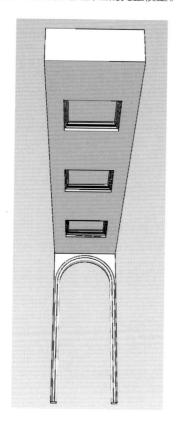

（2）过渡区吊顶

过渡区位于餐厅与客厅之间，有划分空间的作用，它与走廊在一条直线上，为了有所区别，在高度上设计为300mm，造型上采用双层石膏板勾缝。配合矩形工具、移动工具、推拉工具绘制出下图，中间的线为均分复制获得。

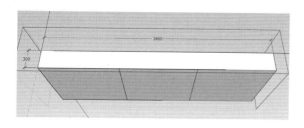

以线的端点为圆心，画出半径为6mm的半圆。

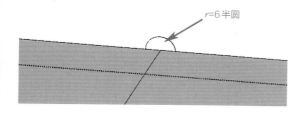

接下来以线为路径，半圆为截面，使用路径跟随工具，可得到勾缝效果，完成后得到下图。

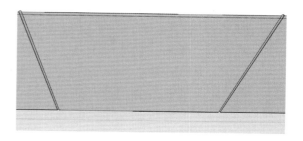

（3）餐厅吊顶

餐厅吊顶设计高度为240mm，沿边缘绘制后推出可得，然后根据平面图进行顶面的分区。分区的主要目的是与平面布置上下呼应，获得对应的矩形区域，具体的分区如下图所示。

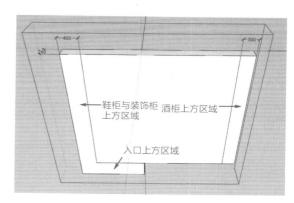

分区完成后把周边的区域向下方推出60mm，得到中间高，四周低的效果，再用偏移工具向内偏移500mm，向上推出240mm，根据前面讲过的灯槽做法，完成餐厅吊顶的模型。

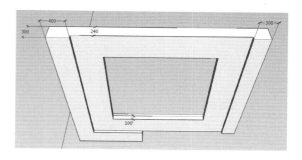

进行到这一步时可以顺便制作发光灯带的模型，具体方法参考2.3.3小节。新建一个材料，命名为"发光灯带"，颜色设置为橙色，赋在灯带模型上，

具体参数与完成效果如下图所示。

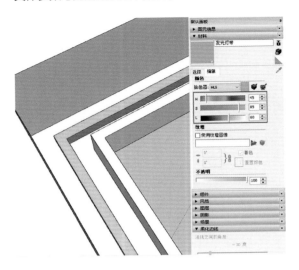

接下来绘制两组阴角线，这两组阴角线的截面大小与样式是不一样的，截面如下图所示。可以看到第一组的截面较大，是有反口特征的阴角线，第二组较小，是普通的平口型阴角线。

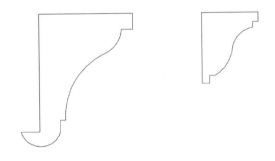

使用路径跟随工具建模，完成餐厅吊顶模型。

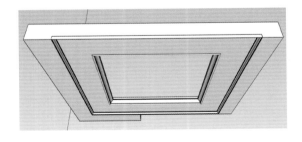

（4）客厅吊顶
客厅吊顶的绘制与餐厅吊顶相同，绘制中间灯槽前，要预留墙板区与电视墙区的位置，这样整个中心区域的造型是平衡的。

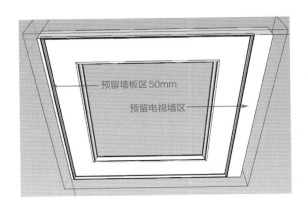

（5）放置灯具
这里放置的嵌入式灯具有三种，分别是筒灯、射灯、豆胆灯。灯具一般是以组件的形式导入，导入后将所有灯具的发光面设置成一种材料。可以统一命名为"灯片"，设置为白色。

整个客餐厅的吊顶模型绘制完成。为了便于后期管理，将其放置到新建的吊顶图层。

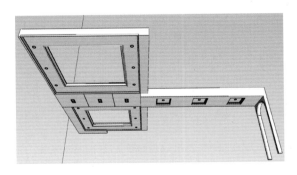

4.3.4 固定家具建模
（1）制作酒柜
根据酒柜所在空间中的尺寸，绘制出酒柜的方体框架，并在此基础上进行分区。酒柜的高度一般为2100mm，离吊顶还有一段距离，需要对这段空间进行封面，形成装饰区与衔接区。酒柜主体分成带柜门与不带柜门两个区域，这样立面上会有虚实的变化。具体的分区与尺寸如下图所示。

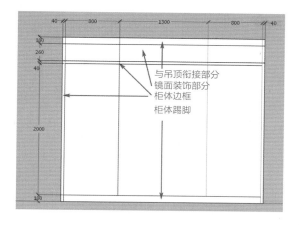

然后用推拉工具绘制出柜体空间，内部的竖板厚度为20mm。柜体边框深度为290mm，与新建墙体厚度300mm有10mm的差距，这样能很好地收口，避免出现朝天缝。顶部衔接部分高度为100mm、深度为300mm，与墙体一致并使用同一种材料。镜面装饰部分深度为280mm，与柜体和衔接部分形成层次关系。背板厚度设置为10mm，完成后的效果如下图。

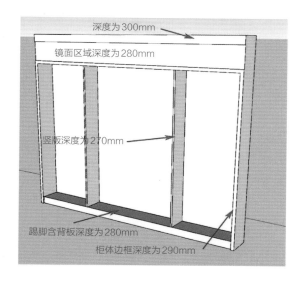

接下来对柜体的收纳空间进行划分。利用等分复制的方法可以迅速绘制出横板的位置。横板深度与竖板相同，为270mm，与边框有20mm的距离，这个距离是用来放置柜门的。在酒柜中段上部增加竖向隔板，形成变化，底部预留出抽屉的位置。划分后的效果如下图。

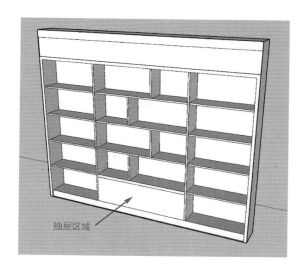

抽屉的绘制是用偏移工具在每个抽屉四周留出4mm的区域，然后向内推入20mm即可获得缝隙。这里要注意，现实生活中的家具缝隙没有这么大，大多数情况下也就1~3mm。这里之所以要留4mm的缝隙是因为在后面的渲染中，如果缝隙很小，该处的结构之间很可能就粘在一起。

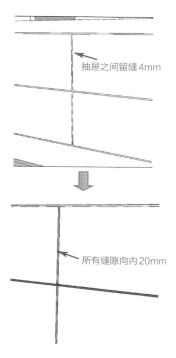

提示：这里4mm的取值是根据长期的工作实践得来的，主要是针对常规画幅（A3以下，300ppi）的室内效果图的尺寸关系。如果是专门针对家具的渲染，或是画幅特别大的情况，这个缝隙尺寸应该按照实际取值。

镜面区域用偏移工具绘制出15mm的金属边框，用推拉工具将镜面向内推5mm，完成后顺便赋上材质。

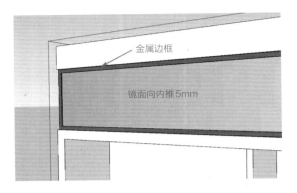

柜门的绘制要单独建组，柜门厚度为16mm，与边框平齐。在靠近柜体边框的位置也需要进行留缝处理，具体数值见下图。

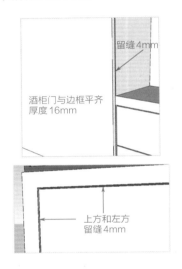

用偏移工具画出柜门边框，宽度为40mm，用推拉工具挖空后绘制柜门玻璃，厚度为6mm，放置在柜门中心，一组柜门完成后，用镜像工具复制至对侧。

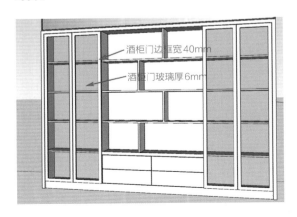

在酒柜中间部分的隔板上方设计发光灯槽，灯槽的深度为80mm，挡光板的厚度为20mm，挡光板的高度为60mm，然后将发光的位置赋上酒柜灯带的材质。

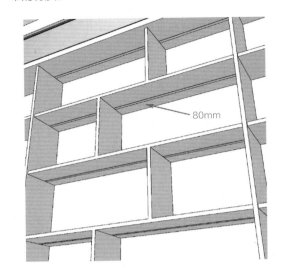

由于发光灯槽是隐藏式的，所以不必对灯光进行建模。完成后的参数与效果如下图所示。

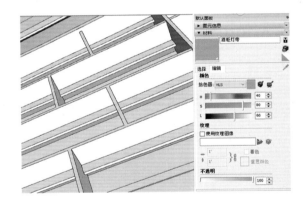

加上抽屉拉手，酒柜建模完成。

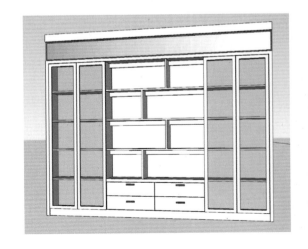

（2）组合柜制作

组合柜建模与酒柜类似，先根据平面尺寸建方体，再划分功能分区。入口处的墙体较长，柜体长度接近3m，可以把它分成1个鞋柜与2个装饰柜的组合，具体的功能划分与尺寸详见下图。

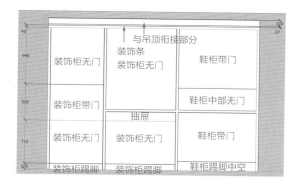

组合柜的设计上要注意功能与美观的统一，比如鞋柜的踢脚部分是中空的，高度为150mm，这与常规的踢脚造型不一样，主要是为了方便常用鞋子的取放。鞋柜中间部分无柜门也是便于进门与出门时放置物品。划分的三个部分虽然不对称，但是这样的尺寸设计可以使中间段的装饰柜与酒柜位于同一中轴线上。

组合柜柜体高度为2380mm，与吊顶的距离为120mm，将其中的20mm向内推进10mm，设计为金属装饰条。这样吊顶部分与柜体部分就有了较好的过渡。将无柜门的区域向内推进390mm，形成大致的柜体框架。

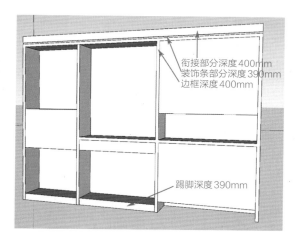

组合框上无玻璃门，直接在柜体模型上分缝即可，方法与酒柜抽屉的做法一样。完成柜门后，在背板上绘制出隔板截面，向外推出360mm。

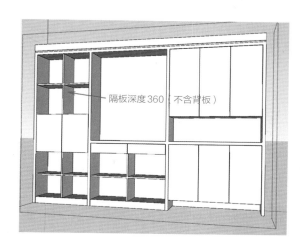

接下来以鞋柜柜门为例，在柜门上制作欧式造型。用偏移工具向内偏移两次，第一次40mm，第二次15mm。选择中间的面，用移动工具向内移动5mm。如果无法移动，可在移动时按住Alt键，解除轴向约束。

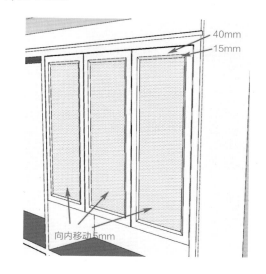

完成后形成一圈倾斜面，再次使用偏移工具向内偏移8mm，然后用推拉工具向外推出4mm，形成装饰线条的效果。

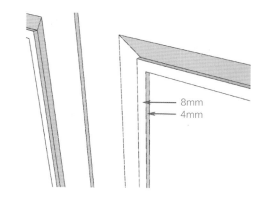

直角的装饰线条太过生硬，接下来使用 Round Corner 插件对线条进行圆角。双击下图上的面，右击选择"只选择边"，这样与该面相关联的边就都被选中，这些边就是要进行圆角的边。

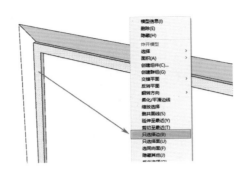

Round Corner 插件提供了三种方式的边线修改，分别是圆角、倒角、切角。倒角与切角的区别是边与边相交的点处理方式不同，倒角会保留点，而切角则会将点变成一个三角面。

点击 Round Corner 工具栏上的"圆角"工具，会弹出圆角参数面板。在面板中设置相关参数：圆角距离，也就是圆角半径，为4mm；圆角段数为5段，段数越多越平滑，由于装饰线条比较细，设置5段就足够了；圆角方向采用默认的锁定Z轴。在参数调节的过程中，可以通过"预览"按钮进行观察，也可以通过"撤消"按钮来重做。Round Corner 工具中的其他调节参数大部分是处理边的显示形式，读者可以自行尝试（下左图）。

调整确认后发现会出现多余的面，这是因为 Round Corner 工具会自动封面，直接删除多余的面即可（下右图）。

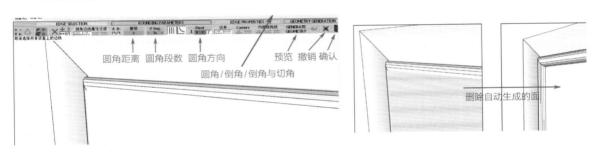

其他部分的柜门操作方式同上，加上拉手，完成组合柜的建模。

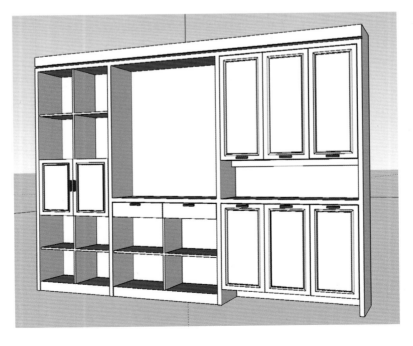

4.3.5 制作地面铺装

首先建立地面框架，地面高度为100mm（下左图）。

然后在地面上划分区域，划分时要考虑家具所占的空间（下右图）。

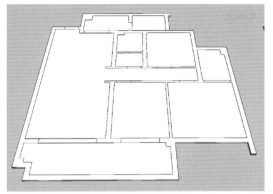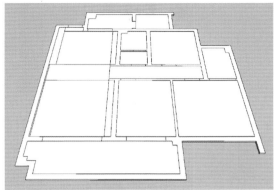

接下来设计地面铺装，简欧风格的客厅一般采用抛光地面砖，并经常会设计装饰边线。本案例中采用800mm×800mm规格的地面砖，并在客厅、餐厅和走廊三个区域设计装饰边线。

装饰边线设计的依据有两点，一是围合空间，二是在边线范围内部尽量排出整砖。走廊地面采用单边线，离墙宽度为80mm。餐厅和客厅采用双边线，宽边宽度为100mm，窄边宽度为50mm，通过多次调整后，得到右图的地面划分。

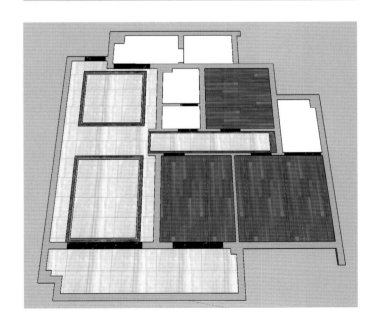

为地面赋上相应的材料，本案例使用下图展示的四种材料，其中地面砖贴图要加上黑色的边线后再赋在模型上。

使用纹理工具调整装饰线条中间区域地面砖的砖缝，让中心区域尽量出现整砖。完成后的地面铺装效果如右图所示。

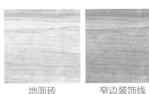
地面砖　　　窄边装饰线

宽边装饰线　　　门下石

4.3.6 导入家具与软装模型

模型完成后，导入家具与软装。本案例在餐厅区域要导入的模型有餐桌椅、吊灯、酒柜与组合柜上的陈设。

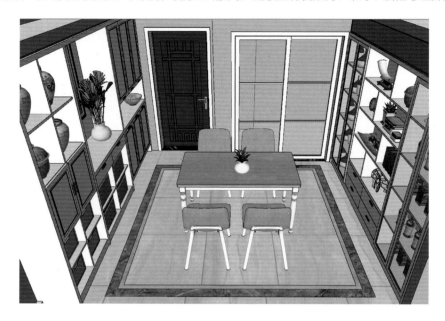

4.4.1 设置相机

按照2.4.1小节的方法设置本场景中的相机，将相机定位在客厅区域。相关的参数分别是：视高1.2m，视角45°，选择两点透视模式并建立场景页面。

为了在灯光布置时减少模型干扰，可以将软装部分设置在一个图层中，关闭软装层，建立第二个场景页面。

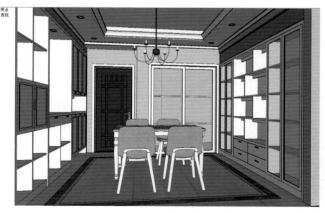

4.4.2　设置主光源（球形主光与 IES 灯光）

对本场景中的照明方式进行分析可知：该场景的照明是由自然光与几组灯光构成。餐厅区域离窗口较远，阳光与天光对其影响较小，属于辅助光源。主光源为吊灯和吊顶上的筒灯。装饰性照明主要是家具内部的线形光与射灯，以及吊顶上的反光灯槽。

先来布置吊灯的灯光。如果将吊灯上的每个灯泡都作为光源来布置，不但会增加照明的计算量，而且最后的效果并不是很好，会出现顶部过亮的情况。因此应该将吊灯视作一个整体，而不是分离的点光源。这里采用球形光来模拟吊灯光源。球形光与吊灯大小接近，位置在吊灯偏下面一点的地方。球形光的颜色为白色，强度设为20。

然后将IES灯光布置在筒灯的位置，以移动复制的方式将一共6盏灯光布置好。复制的方式表示每盏灯都是同一个组件，只需调节其中一盏就可以了，完成后如下图。

IES灯光采用筒灯光域网文件，颜色为橙黄色，强度调整为4500，具体参数如下。

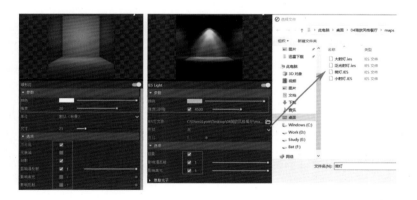

4.4.3　设置装饰照明

辅助照明为场景中系统自带的阳光和天光，对于场景的影响不大，所以不用再进行设置。接下来设置装饰柜上的射灯，还是使用IES灯光，这次的光域网文件选择扩散角较大的泛光射灯，位置与参数如下。

酒柜内部与吊顶的灯带光源采用自发光材质的方式，将在下一节中进行设置。

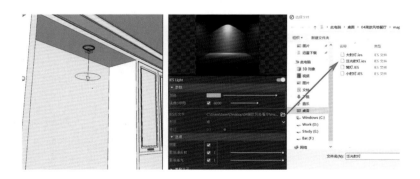

4.5.1 设置自发光材质

　　首先设置作为装饰照明光源的自发光材质，用材质工具吸取酒柜灯带材质，在VRay材质编辑面板中新增自发光层，颜色为橙黄色，强度为3。再吸取吊顶灯带材质，改为同样的参数。需要注意，这里的两种材质参数是一样的，但是后期可能会调整，所以最好命名成两种材料。

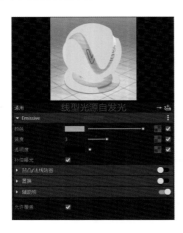

　　然后设置灯具上发光部位的材质，包括嵌入式灯具的出光面、吊灯的灯泡。这些位置的亮度很高，但是不能作为光源使用，所以强度设为1，颜色为白色，参数设置如下。

　　接下来还需要将厨房门玻璃的材质设置为自发光，这是为了方便后期PS选区。厨房不是设计的重点，所以没有对厨房进行建模，现在从餐厅的视角看过去，厨房是空的。为了让画面看上去真实自然，需要后期在厨房位置添加一个背景。该处的自发光强度也为1，颜色为淡蓝色。

4.5.2 设置地面材质

　　地面材质为抛光砖，为了获得比较强烈的反射效果，取消菲涅尔反射。给一点反射，将反射光泽度调到0.95~1。门下石与抛光砖表面的反射效果基本相同，预览效果和参数设置如下图所示。

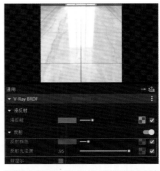

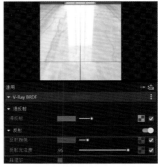

　　参考上面的参数完成装饰边线的材质调节。

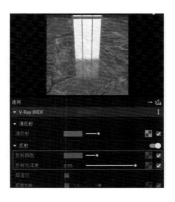

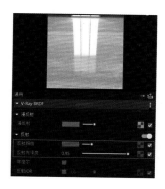

4.5.3 设置墙面材质

墙面材质与顶面材质都是乳胶漆材料,直接在SU材质编辑器将顶面材质设为白色。墙面颜色要符合简欧风格的特点,简欧风格中家具一般以白色居多,为了形成对比,将墙面设置为灰色,灰度参数如下。

4.5.4 设置瓷器材质

常规的瓷器材质有标准的设置模式。漫反射为瓷器本身的颜色或图案,反射则是白色全反射,并勾选菲涅尔,同时瓷器表面是没有反射模糊的。我们常常将瓷器的这种设置方式作为基础参考,并通过它来衡量其他材质参数上的变化。

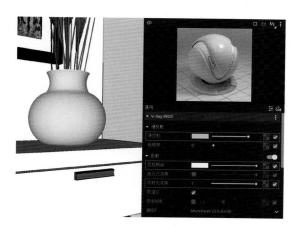

4.5.5 设置木器漆面材质

场景中的家具、门套线是在木作材料上涂白色漆。与瓷器表面相比较,木器漆表面具有一定的模糊,所以可以在瓷器参数的基础上,加上0.85的反射光泽度,具体参数如下。

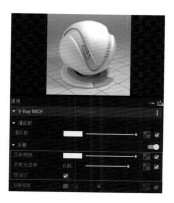

接下来以下图中的木器装饰品为例,详细讲解一下反射面板中的BRDF选项。

BRDF是用来控制物体表面高光效果的,其中有4种模式,分别为GGX、平滑、布林、沃德,不同模式会产生不同效果的高光区域。

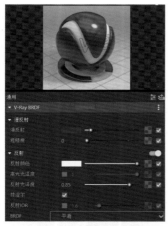

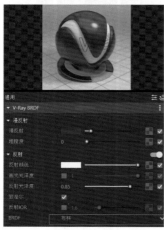

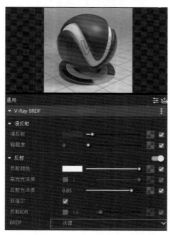

为了便于分析高光效果，将4种类型的高光置于黑色背景上方。

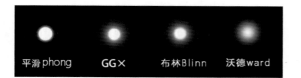

从上图中可以看到，平滑、GGX、布林、沃德的高光的聚集程度由强到弱，而高光的扩散程度则由弱到强。布林和GGX适用于大部分的物体表现；沃德主要用于表现高光不强的材质，比如亚光的塑料、陶制品等；平滑一般用于表现抛光强烈的金属、车漆之类的材质。

4.5.6　设置金属漆面材质

以场景中的闹钟为例，设置为红色的金属漆面材质。金属漆面的特点是具有色彩，反射较强且很清晰，有金属光泽。要获得反射强的效果，需要取消菲涅尔反射，设置一定的反射强度，反射光泽度设为0.9。注意：取消菲涅尔反射后，反射强度过高会改变金属漆本身的颜色。

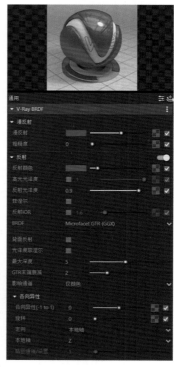

以金属漆为例，详解一下各向异性选项。上一个材质中的BRDF选项是控制高光光晕的效果，而各向异性是控制高光的形状。从右图中可以看出，原来的高光为圆形，改变各向异性参数后，高光变为椭圆形，数值为0.9时为横向椭圆，数值为−0.9时为竖向椭圆。还可以通过旋转值来改变椭圆的任意方向。各向异性参数主要用来表现金属类表面的高光分布形状，根据不同的模型表面进行设置。

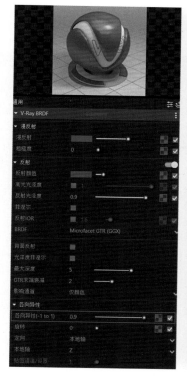
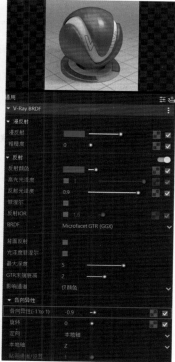

4.6 渲染出图（CPU+GPU渲染）

本案例采用CPU+GPU渲染的方式。

4.6.1 测试渲染

CPU+GPU渲染由CPU+GPU同时进行运算，渲染参数的调节方式同GPU渲染，渲染速度介于CPU渲染与GPU渲染之间。降噪模式一般采用VRay降噪，能获得比较准确的降噪效果。

先进行白模渲染测试，测试渲染之前将窗玻璃图层与软装图层关闭。

然后直接点击渲染按钮得到如下图所示的效果图。

这时可以看到画面非常暗，需要调整相关的渲染参数：增加曝光值，灯光缓存细分设置为600，打开VRay降噪。

完成后的白模效果如下图所示，场景整体的亮度都得到了提高，但是由于设置了材质覆盖，自发光材质在上面是看不到的。

接下来将材质覆盖关闭，进行测试渲染，得到下图。整体的材质与灯光都比较合适，自发光形成的装饰性照明亮度也适中。

4.6.2　最终渲染出图

将软装图层重新设为可见，设置最终的出图参数，渲染得到最终的效果图。

4.6.3 效果图后期

完成渲染后保存为tif格式的文件，在PS中进行后期处理。复制图层后将背景图层关闭，用魔棒工具以加选的方式选择厨房门玻璃，容差设置为30。然后将浅蓝色区域删除。

接下来将一张厨房的图片复制到效果图文件中，作为图层放置在餐厅复制图层的下方，这样就可以透过厨房门区域看到厨房的图片。

可以看到厨房图片的透视关系与餐厅的透视关系不一致，使用变换命令对厨房图层进行操作。用Ctrl+T调出变换框，右击选择"扭曲"进行变换，调节变换框节点，使两个图层的透视关系一致。

为了获得空间的景深关系，对厨房图层使用高斯模糊滤镜，在高斯模糊面板中将参数设置为2。

为了营造餐厅灯光的氛围，对餐厅图层使用镜头光晕滤镜。打开该面板后，在面板中的小预览图中点击餐厅吊灯的灯泡，这样灯泡上就能产生镜头光晕的效果。注意，这里需要重复几次相同的操作以增强效果。

最后再微调一下色阶、饱和度等相关整体调色参数，获得最终的效果图。

4.7 施工图制作

4.7.1 绘制顶面布置图

本案例以客餐厅吊顶制作为例，具体步骤如下。

（1）整理顶面基本框架

对平面图进行整理，删除没有到顶面的家具，将门改为门洞，整理后得到下左图。

（2）绘制吊顶造型

根据SU中的顶面造型尺寸，在"家具外线"图层绘制吊顶的造型，尺寸与完成后的效果如下右图所示。

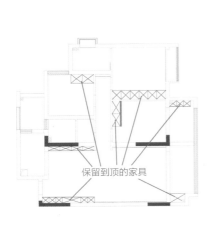

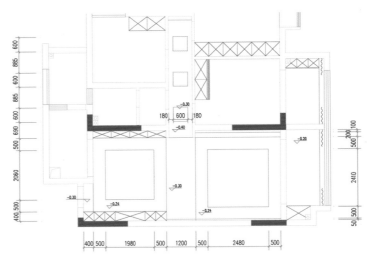

绘制时将每个部分的标高标注出来，便于检查各处的造型高度是否正确。绘制过程中主要使用画线工具与偏移工具，绘制时要注意造型的对称。完成后切换到"家具内线"图层，绘制造型上的细节，包括阴角线和窗帘。然后再切换到"填充线"图层，以用户定义的方式填充阳台上方的木栅板。（下左图）

（3）照明布置

切换到"灯具"图层，导入灯具模型。餐厅与客厅上方中心为吊灯，两侧为射灯。走廊区域为射灯，过渡区域为豆胆灯，阳台区域为筒灯。注意不同灯的图例形式是不一样的。餐厅与客厅的四方吊顶造型有发光灯槽，用虚线表示出来并且绘制在"灯带"图层中。（下右图）

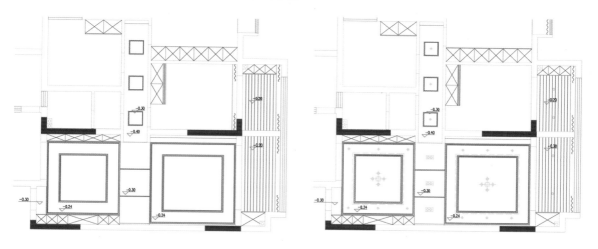

（4）标注

最后对顶面布置图进行标注。

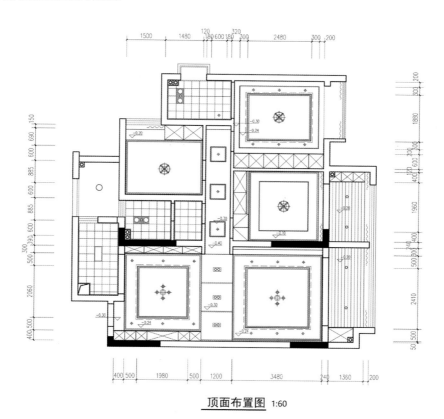

顶面布置图 1:60

4.7.2　绘制地面铺装图

（1）整理地面基本框架

方法同2.7.2小节，复制平面布置图，删除非固定式家具和软装，将门的模型修改为门洞。门洞的形式虽然有封口的类型，但后期填充容易出错，所以门洞均采用开口的形式。

门洞形式采用开口的方式

（2）绘制地面铺装

用直线命令对门洞进行封口，再根据SU模型的地面样式对地面进行划分，尺寸与完成后的效果如下图所示。

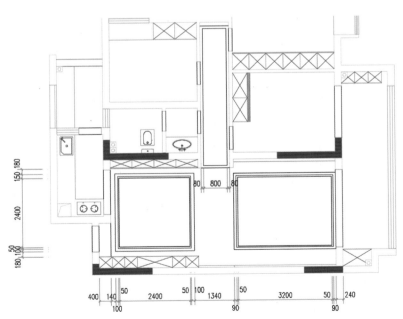

地面的划分原则是尽量让装饰边线内部是以800mm×800mm的整块地面砖的形式出现。阳台上的砖缝也最好居中。这样的设计方式虽然会造成一定的地面砖浪费，但是更具有形式美感。

（3）标注

铺装完成后进行标注，尺寸标注只针对地面的划分，不同地面材料以引出文字标注的形式来说明。

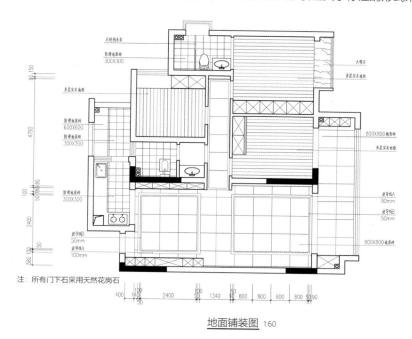

地面铺装图 1:60

4.7.3 绘制餐厅立面图

（1）建立立面框架

参考3.7.3小节的方法，以组合柜所在立面作为例子建立立面框架。为了更好地理解立面图的形态，在SU中生成该方向上的剖面。

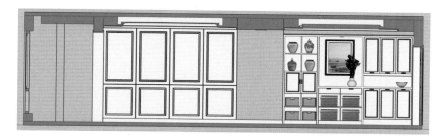

一开始生成的剖面线比较粗，不便于观察，需要在风格面板中修改剖面显示参数，主要修改内容是将剖面线宽度改为1（下左图）。也可以打开剖面填充选项，修改它的颜色。

根据SU中的剖面形态，在CAD中绘制立面框架（下右图）。

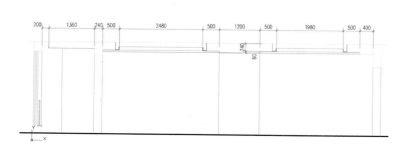

（2）深入绘制立面

参考SU剖面图，深入绘制立面上的其他部分，主要包括阴角线、家具、软装等立面元素。注意：组合柜是固定式的家具，绘制时应严格按照SU中模型的尺寸，不可以直接调用图库中的家具。软装部分则不一定要与SU模型一致。

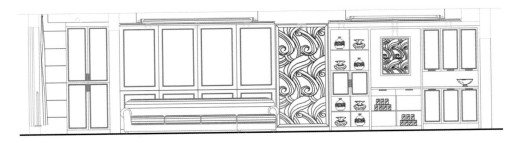

（3）标注

在天正选项中把当前比例改为40，然后再进行尺寸标注与文字标注，得到完整的餐厅立面图。

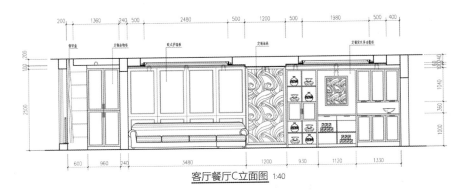

客厅餐厅C立面图 1:40

这里需要说明的是，在绘制餐厅立面时，为了让整个空间具有完整性，客厅的立面也应该绘制出来。同时，因为阳台到客厅的门改为了门洞，所以阳台空间与客厅空间也是连续的，阳台部分的立面也应该绘制出来。一般而言，在家装设计中，只要没有门的分隔，立面图上应该表现出完整连续的空间。

4.7.4 绘制吊顶节点大样图

（1）准备工作

吊顶节点图选取发光灯槽与过渡区相连的部分。

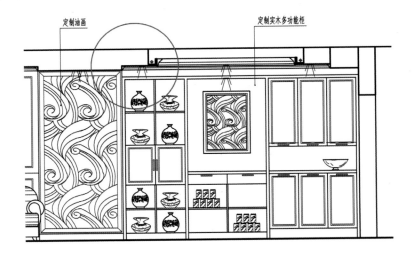

先将该部分从立面图中复制出来进行整理。

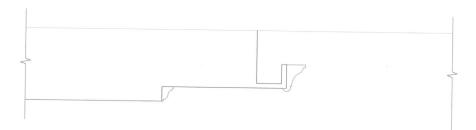

（2）绘制节点构造

该位置的节点与2.7.4小节的节点案例比较相似，可参考2.7.4中的内容。

根据立面图上的设计尺寸，绘制增加构造节点上的相关材料。其中包括作为框架材料的轻钢龙骨，作为表面材料的石膏板。

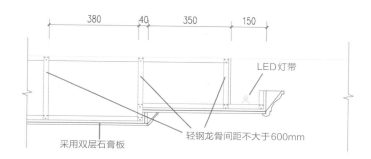

提示：材料的大小规格要依据实际情况和规范要求，比如轻钢龙骨材料的间距不能大于600mm；石膏阴角线与吊顶是通过木方来连接的。

（3）标注

完成基本构造后，切换到填充层进行材料断面的填充，这里主要是对石膏板与阴角线进行填充，填充的图例要符合图集要求。

接下来在天正选项中将比例设置为10，绘制折断线和尺寸标注。尺寸部分只需标注与构造相关的部分，立面上重复的可不用标注。最后使用引出文字工具进行文字标注。

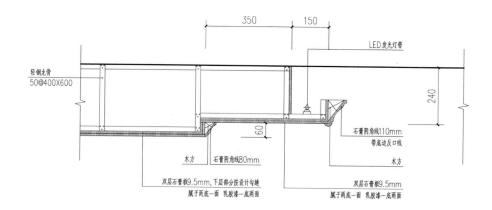

　　本章场景在建模的过程中，重点详解了欧式风格元素的建模方法，其中涉及大量路径跟随功能的使用。同时，本章也详细介绍了家具建模的过程与倒角插件的使用方法。

　　在天正设计图的绘制中，重点讲述了如何通过SU模型作为参考来绘制空间立面图。

　　在材质的讲解中，系统介绍了反射面板中的高光形式，主要是BRDF高光效果与各向异性。到此，材质调整中的反射相关参数全部讲解完成。

　　在灯光讲解中，重点是多组灯光配合自发光贴图的布光方式。同时结合第3章的内容，可以总结得出，吊灯通常使用球形灯进行模拟，吸顶灯通常使用平面灯进行模拟，嵌入式灯则通常使用IES灯光进行模拟。

　　本章也讲述了在不进行建模的情况下，如何通过PS进行效果图后期的背景处理方法，这是简化建模工作量的一种非常有效的技能。

第5章

新中式风格书房

　　新中式风格是中国传统风格在当前时代背景下演绎并发展出的具有中国文化特色的风格类型。新中式风格不是单纯的传统元素的堆砌，而是通过对传统文化的深入理解，将传统元素和现代元素相结合，以现代人的审美需求来打造富有传统韵味的空间场所。随着民族文化自信的不断提升，新中式风格的设计正在变得越来越流行。

　　新中式风格特点主要如下。一是空间布局上讲究对称，形式感强，同时又具有现代空间布局的手法，打破传统中式空间布局中等级、尊卑等设计思想，更注重场所精神的塑造。二是造型元素上，新中式风格有时会局部使用传统中式元素，将传统的象征性元素，如云纹、瑞兽、回纹、如意等融入空间中；有时则会对传统中式造型元素进行提炼简化后再运用，比如在新中式风格中常常会用简化后的屏风、窗棂、隔断、博古架等元素来增强空间的层次感。三是在材料使用上，与传统中式一样，偏爱天然的装饰材料，营造自然的居住环境，但新中式风格也并不排斥现代材料的使用，而是采用一些设计手法将两种类型的材料和谐统一到一个空间中。四是在色彩上讲究对比，家具一般为偏深色的木纹色，而背景则为浅色的中性色。相比于传统中式的沉重感，新中式风格的配色显得轻松自然。五是新中式风格的家具是对传统家具的简化重构，去其形，得其神。六是在配饰的选用上，会运用独具特色的中国元素来提升空间品质，常用的有瓷器、陶艺、匾幅、挂屏、字画等。

本案例的户型是一个三居室，面积约100m²，户型平面图如下图所示，客户主要需求如下。

a. 入口处设置玄关。

b. 设置两间卧室，一间书房。

c. 书房空间要考虑多功能性，如茶室、客房的功能。

d. 尽可能增大客厅空间的可使用性。

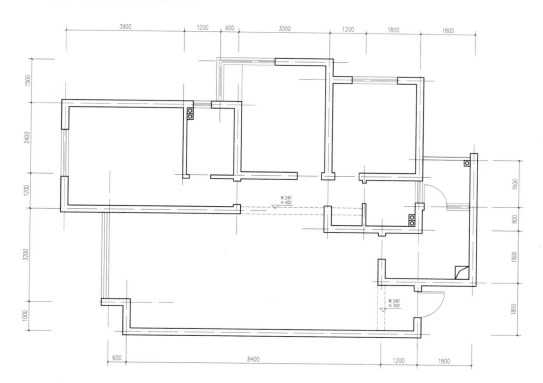

结合相关需求和原结构图，在平面布置时做出一些相应的调整。

①入口处增设墙段，形成左边鞋柜，右边壁龛的玄关夹景效果。

②增加电视墙长度，便于客厅的对称式布局。

③书房中设置榻榻米，平时可作为饮茶区，同时也能作为客房来使用，满足多功能的需求。

④书房的门洞改为推拉门样式，增加书房与走廊的空间通透性。

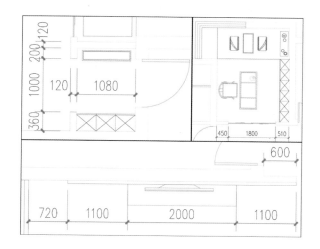

完成后的平面布置图如下图所示。

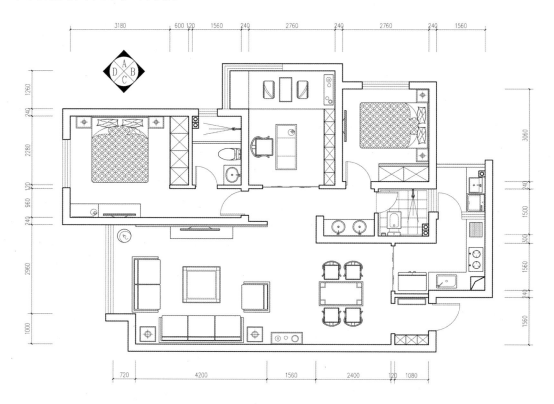

在平面布置图的基础上，绘制墙体改造图。

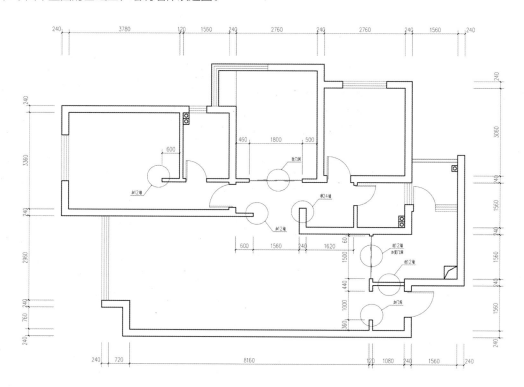

5.3 SU建模部分

5.3.1 CAD导入

在天正中复制墙体改造图并整理墙体，将整理后的墙体复制到新的文件中，然后另存为"天正3格式"。导入SU中，选中所有墙线，点击"生成面域"工具，这时所有墙线都被封面。

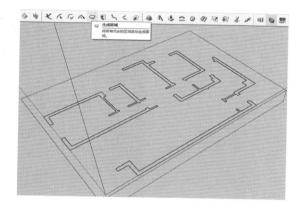

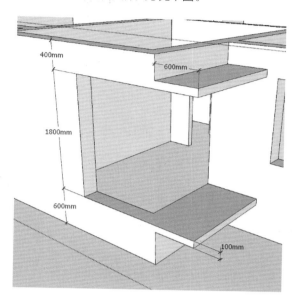

接下来用推拉工具向上推出2800mm，建立墙体框架。

> **提示：** 第一次建立墙面时，转角窗的部分先空出来。因为转角窗的飘窗台部分有空调外机位，结构与其他墙体不一样，所以要先空出来，后面会专门绘制。

厨房与玄关处的门洞高度为2200mm，其他门洞高度统一取2100mm。阳台底高200mm，中空高度为2200mm。窗与窗台总高度为2400mm。

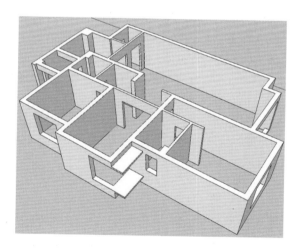

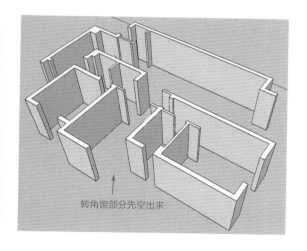

转角窗部分先空出来

5.3.2 建立墙体与门窗

根据现场尺寸完成门窗洞口的绘制。转角窗的部分涉及空调外机的放置，根据其结构样式，绘制

接下来绘制门窗，绘制时可先赋予材质。门窗部分的材料主要包括4种：一是窗框材质，二是木门与门框的材质，三是透明玻璃材质，四是卫生间门的磨砂玻璃材质。同时还应该将图层进行分类，包括墙体、门窗、透明玻璃3个图层。

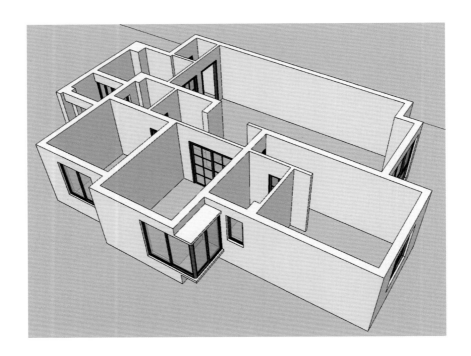

5.3.3 制作吊顶

吊顶的设计以书房为例，根据平面图上的功能分区，可将书房顶面分为3个区域，分别是书桌上方的工作区，榻榻米上方的休闲区以及书柜上方的封顶区。具体的设计步骤如下。

（1）分区划分

结合平面图尺寸，划分出三个区域。使用推拉工具设置三个区域不同的高度。工作区准备制作发光灯带，高度为240mm；休闲区与飘窗上方的楼板平齐，高度为400mm；书柜高度为2300mm，所以上方吊顶封面高度为500mm，同时将其延伸至休闲区，形成一种穿插的造型结构。

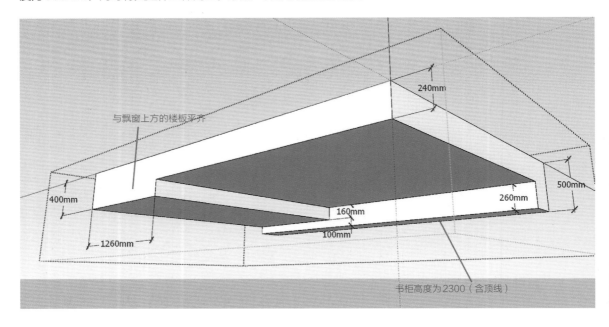

为了保持吊顶的整体性，将飘窗上方的楼板向上推20mm，然后将吊顶模型向楼板区域延伸，接下来按设计尺寸绘制窗帘盒。工作区上方为一个四方吊顶的造型，每一边的宽度为450mm。在推出中心原顶面时，需要预留墙板所在位置的厚度20mm。

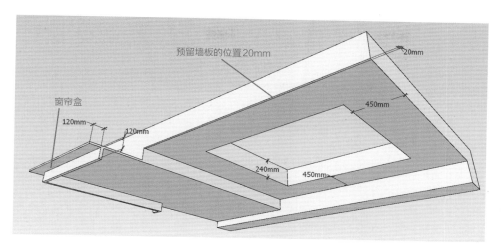

（2）吊顶细节

吊顶细节包括灯槽与实木装饰线条。灯槽的制作方法在前面的案例中已经讲述过了，绘制完成后，将LED灯带用专门的材质标识出来，以便在VRay材质中追加自发光。

实木装饰线条有两组，一组是灯槽外围的收口线条，截面尺寸为40mm×80mm。

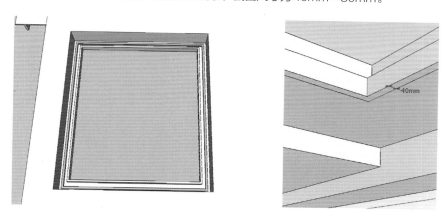

另一组是工作区上方四边的阴角线。先在吊顶阴角处用矩形工具绘制50mm×50mm的正方形，再对方形切角，切角长度为方形边长的一半，获得所需截面。接下来选择阴角线路径，使用路径跟随工具点击截面即可完成木阴角线的绘制。

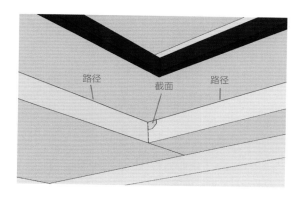

吊顶完成后，可先赋上木作部分的材质，这里选用一张木纹贴图。赋材质时要注意木纹的方向，有两种方法可以调节方向，一是建立两个材质，分别采用木纹贴图的横纹与竖纹；二是选择木纹所在的面使用右击纹理工具进行调节，完成后的吊顶如右图所示。

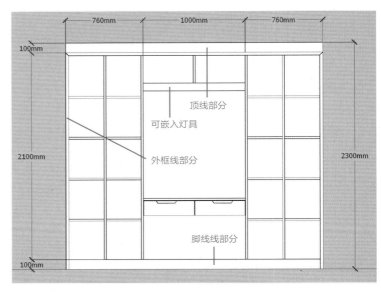

5.3.4　制作书柜

根据书柜的尺寸2520mm×320mm×2300mm绘制出方体框架，并在此基础上进行分区。书柜位置到吊顶的总高度为2300mm，因此设计100mm为踢脚线，100mm为顶线，书柜的柜体高度为2100mm。书柜内部分隔采用均匀对称的方式，具体的分区与尺寸如右图所示。

使用推拉工具绘制出柜体空间，内部的隔板厚度为20mm，深度为290mm（不含背板）；外框板厚度为30mm，深度为320mm（包括背板）；背板厚度为10mm。外框板深度与隔板深度为20mm的差值，这个距离用来放置柜门。

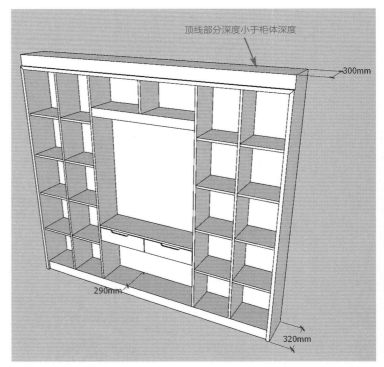

接下来绘制抽屉的细节，方法同4.3.4小节。不同点是书柜的拉手与抽屉面板是一体的，不用再单独放置拉手模型。用矩形工具与移动工具在面板上绘制出一个梯形区域，再用推拉工具向内推入10mm。

柜门厚度为16mm，与边框平齐时正好留出4mm的构造缝。靠近柜体边框的位置也需要进行留缝处理。接下来用偏移工具画出柜门边框，宽度为40mm，用推拉工具向内推入6mm，形成门框与门扇的效果。后面也会采用两种不同的材质来区分这两个部分，完成柜门的模型后用镜像工具复制到对侧。

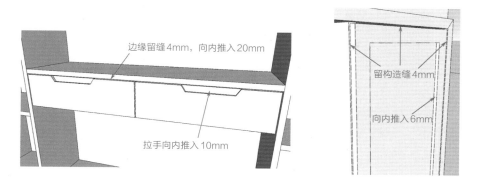

书柜模型的材质有两种，分别是木纹饰面和布纹饰面。但在实际绘制的时候则需要设置成三种材质，因为木纹饰面可分为横纹与竖纹两种，对于不同的板材方向需要分别赋予，这样能获得更真实的效果。完成后的书柜效果如下图所示。

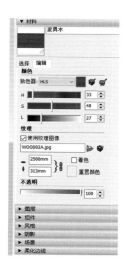

5.3.5　制作地面

沿墙体外边缘绘制轮廓，封面后推出高度100mm的地面，将导入的墙线与地面模型叠合后解组，形成地面的分区框架。

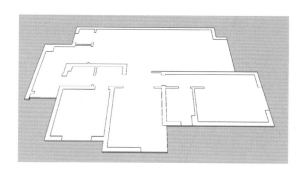

然后用直线工具将各房间地面闭合，门洞处采用双线闭合，这样可以形成门下石的分区边界。

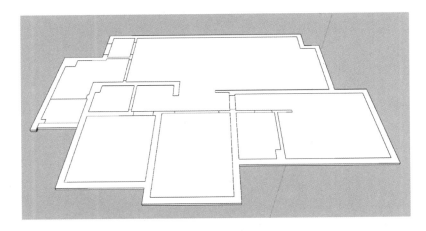

接下来将不同部分的铺装材料赋予地面，客厅采用1200mm×600mm的灰色仿古砖，卧室采用木地板，玄关处的地面采用深色大理石，门下石采用黑色花纹的花岗石。

铺装完成后的效果如下图所示。这里要注意：客厅的仿古砖贴图如果没有分缝线，需要在PS中绘制出来。分缝线的尺寸要与实际的比例一致，比如1200mm×600mm的砖可以将贴图设置为1200像素×600像素，在这个基础上再利用图层样式中的描边功能绘制分缝线。

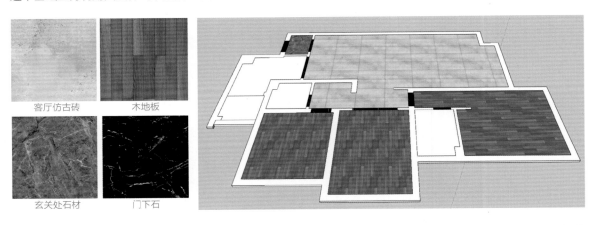

客厅仿古砖　　　木地板

玄关处石材　　　门下石

接下来绘制榻榻米的模型，根据平面图的设计先画出2760mm×1260mm×300mm的体块。将书柜位置留出后，绘制侧面收边线，三个方向的宽度均为24mm。然后绘制上面的收边线，四个方向收边宽度均为20mm。收边线是家具本身的结构，同时也能让模型看起来更有细节。

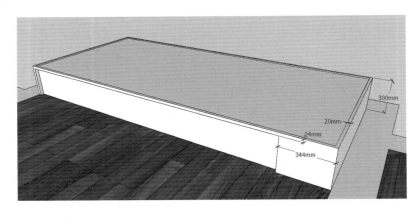

席垫是榻榻米必不可少的要素，根据尺寸大小，将其分为三张席垫。绘制时先用移动工具将上表面三等分，用其中一部分画出高度为50mm的方形体块。

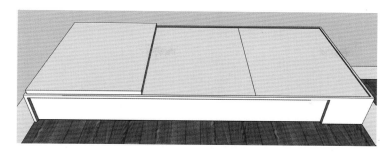

在边角处绘制半径为10mm的圆弧，可先绘制10mm×10mm的正方形作为辅助图形，再以正方形的角为圆心画圆，片段数为32s，保证边缘的光滑。接下来选中上表面，围合上表面的边就可以作为路径。点击路径跟随工具，再点击圆弧处的面，即可对席垫模型进行倒角。

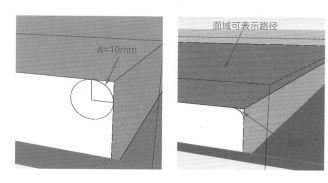

用偏移工具对席垫上表面做一个40mm的收边，完成后再复制两个席垫，到此，榻榻米建模完成。

将书柜的木纹材质赋予榻榻米的木作部分，席垫部分为两种材质，分别为布纹包边与麻制坐垫。对邻近的窗台石进行建模并赋予石材贴图，完成后的效果如下图所示。

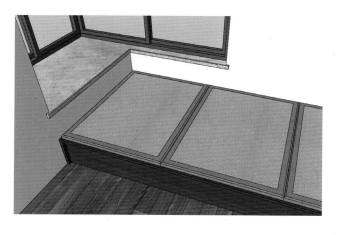

5.3.6 导入家具与软装模型

主要模型完成后，加入外景，并导入相关的家具与软装。家具模型主要包括书桌椅、茶几、边几。导入软装饰时会产生很多无用的组件，也会增加未整理的图层。需要经常用场景清理工具进行清理，同时也需要对导入的模型重新分层。完成后的模型如下图，图中也显示了本场景中的图层分类形式。

5.4 材质调节

5.4.1 设置地面材质

地面采用木地板铺装，设置方法同3.5.1小节。这里讲解一种更为真实的木地板材质的调节方法。漫反射与反射的调节方式与前面相同，不同之处在于凹凸贴图并不是追加木地板位图或木地板位图转换的灰度图，而是使用一种淡蓝色效果的图。这种图叫法线贴图，能更好地反映出木地板的表面纹理。

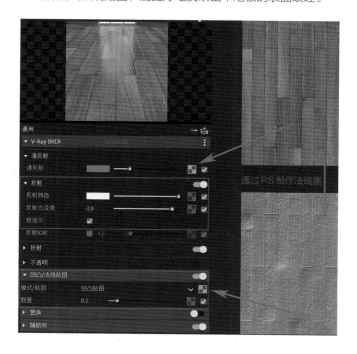

法线图可通过PS软件制作。
用PS将木地板位图打开，选择菜
单中的"滤镜"—"3D"—"生成
法线图"。出现生成法线图面板，
一般使用默认参数就可以了，如果
不满意，也可以对模糊与细节参数
进行微调。完成后将生成的法线图
另存为一张图片，再将法线图放置
于凹凸贴图的纹理通道中。

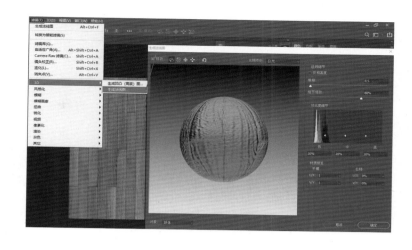

> **提示：** 法线贴图定义了物体表面
> 的倾斜度，也可以理解为改变了
> 我们所看到物体表面的倾斜度。

法线图与灰度图的区别在于：
法线图对于凹凸肌理能产生更多的
细节，但是渲染时间也会增加，所
以一般运用在近景中含有大面积凹
凸肌理的材质。

同样的方法也可以对榻榻米上
的席垫赋予相应的材质。与木地板
不同，席垫一般为麻制材料，不用
设置反射。

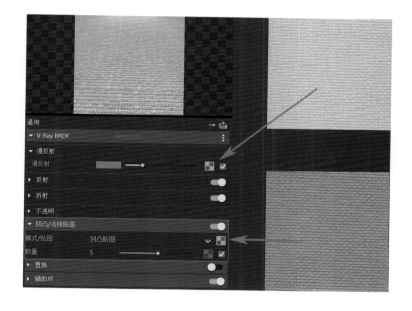

接下来设置坐垫的布纹材质。
布纹材质的特点是从正面观察时为
布纹本身的颜色，而从侧面看则是
泛白的效果，而且布越厚这种泛白
的效果越明显，法兰绒这类的材质
尤其明显。为了表现这种效果，在
漫反射的纹理通道要套嵌菲涅尔贴
图，在菲涅尔贴图面板，垂直于视
线方向要追加布纹的位图。

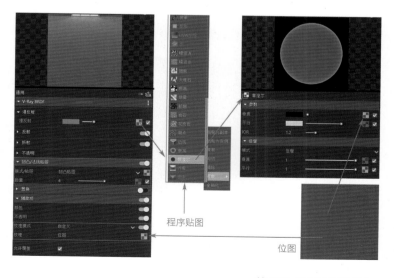

程序贴图

位图

完成后场景中坐垫的显示改变了，但不是布纹效果，这是因为 SU 默认显示的是 VRay 材质的漫反射贴图，而这里的漫反射贴图并不是位图。要正常显示位图效果，需要进一步设置 VRay 材质中的辅助项，将纹理模式设置为自定义，并将纹理设置为位图。

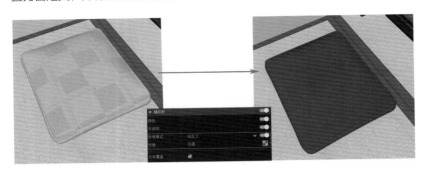

如果是粗布类型的材料，还应该在凹凸贴图中追加纹理，坐垫在视图上是远景，并不需要很强烈的凹凸效果，所以直接将位图加入凹凸贴图即可。

5.4.2　设置墙面材质

墙面材质主要是灰色的乳胶漆材料和护墙板材料，乳胶漆材料在 SU 材料中设置为灰色就可以了，具体参数如下左图。

护墙板是由三联画组成，如果拼合成一张材质来做，调节时会比较麻烦，所以这里设置成三种漫反射不同，但其他参数相同的材质。护墙板的表面有模糊反射，所以将反射强度设为菲涅尔的全反射，光泽度设置为0.7（下右图）。

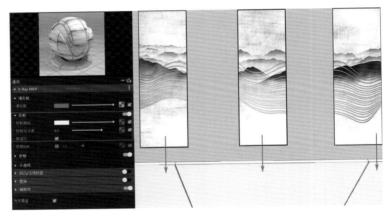

5.4.3　设置书柜材质

书柜的柜体为木纹材质，具体参数设置如下图。这里需要说明的是：考虑到木纹表面可分为横纹与竖纹两种，为了获得真实的家具木纹效果，所以要设置两个贴图方向不同的材质。

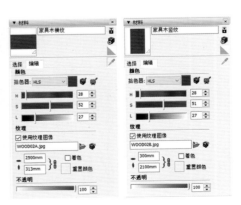

书柜柜门为粗布的布纹材质，一般情况下在凹凸贴图中追加位图即可，这里使用程序贴图的方法。先来了解一下什么是程序贴图，简单理解就是VRay自带的贴图，比如前面用到的菲涅尔贴图、样条曲线贴图、贝兹曲线贴图等。程序贴图通过参数化的设置，可以得到丰富的纹理，并能运用于很多位图不能达到的效果。

　　布纹材质的漫反射为一张布纹的位图，布纹的肌理效果则是通过在凹凸纹理中追加织物贴图来实现的，参数主要是调节纤维宽度与纹理布置。这种材质调节的方式主要运用于布纹图案与布纹肌理不一样的情况。

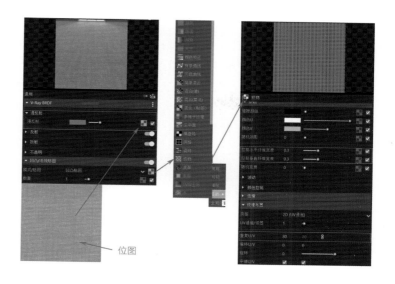

位图

5.4.4　设置铝合金材质

　　电脑外框表面为阳极氧化铝，是一种类似于磨砂金属的材料，这里同样采用凹凸贴图的方式来实现。漫反射设置为深灰色，反射强度中等（灰色），无菲涅尔反射。这时如果设置光泽度，也会出现反射模糊的效果，但这种效果缺乏肌理。保持光泽度为1，在凹凸贴图中追加噪波B的程序贴图。噪波的主要特点是模拟波纹的肌理效果，但当其尺寸很小时，则能得到磨砂肌理。尝试调节后，将噪波尺寸设置为0.005，凹凸数量设置为0.2，得到如右图所示的质感。

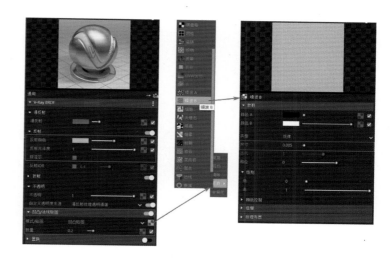

5.4.5　设置窗帘材质

　　设置窗帘材质前，先了解一下折射与透明度的区别。一般说来，有折射的物体都是有透明度的，但透明的物体不一定都具有折射的性质，比如塑料薄膜、布艺灯罩、窗纱、非遮光布的窗帘等就没有折射的性质。对于这类无折射却透明的物体，需要保持默认折射强度为0（黑色），而在不透明度面板中设置不透明度。

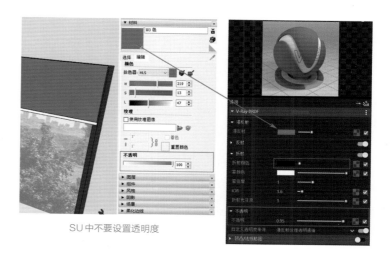

SU中不要设置透明度

> 提示：SU材料中的透明度会对应VRay材质中的折射，所以在SU中要保持不透明度为100。本案例中的窗帘材质在VRay中设置不透明度为0.95，即可呈现窗帘微弱的透光效果。

5.5.1 设置相机

　　本场景中书房空间较小，相机设置在书房中不能获得完整的空间构图，所以将其设置在书房外。但这样又会出现新的问题，就是视线会被墙体和书房门遮挡。解决方法是用剖面的功能将墙体截去，具体操作如下：放置剖面，移动到刚好将墙体截去的位置。为了便于观察，可对剖面的颜色与线型进行设置。

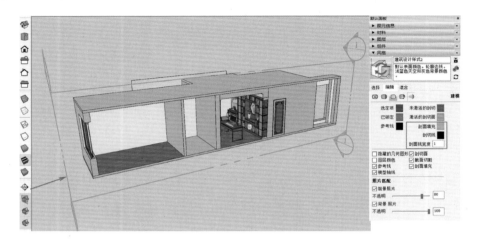

　　然后将相机设置在书房外并离书房门有一段距离的位置。

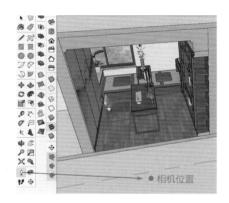

　　用绕轴旋转工具设定好方向，高度为1100mm。用视图缩放工具设置视角为60°，再进行微调并将视图改为两点透视的模式，完成后的效果如下图所示。

可以看到场景中上面吊顶部分与下面地面部分依然显示不完整，主要的原因是构图的比例为16：9的宽画幅。在VRay设置中，将渲染输出面板中的安全框打开，将图幅比例改为4：3的照片模式即可（下左图）。

这时可以获得场景较好的构图，如果不想在视图中看到太多的安全框黑边，可以将SU控制面板的边缘向左方拉动（下右图）。

相机的位置设置完成。但是如果就这样出图，由于剖面的关系，阳光与天光会从截去部分照到书房门的一侧，渲染出的效果是不真实的。一方面为了保证空间结构的完整性，另一方面为了满足相机视线穿过墙体，还需要对截面进一步设置。

将VRay渲染器切换到物体面板，看到截面可作为VRay物体进行设置。将"模式"保持默认的减去，选项中只勾选"仅相机射线"，到此相机设置完成。

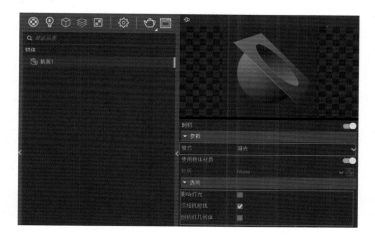

5.5.2　设置主光源（阳光与穹顶灯）

本场景的照明是自然光为主，人工照明为辅的结合方式。自然光是自动产生的阳光，在这种方式下渲染经常会出现室内光线正常而窗口过曝，或者窗口光线正常室内过暗的情况。在第2章中采用了平面光叠光法的方式来解决这个问题，本案例中介绍另一种方法——穹顶灯的补光照明。

穹顶灯可以理解为环境光的方向是从四面八方指向穹顶灯的中心，增加穹顶灯可以有效地增强室内光线的强度。穹顶光一般是配合HDRI贴图（高动态发光贴图）来模拟真实的环境光，常用

于室外场景中。在室内场景中，空间如果是闭合的，就不必追加HDRI贴图。

在本场景中，将穹顶放置在靠近门一侧的地面上即可。

5.5.3 设置辅助光源（局部照明与装饰照明）

书房中有3种不同的射灯作为局部照明，吊顶4盏、榻榻米吊顶1盏、书柜照明1盏。这3种射灯都是采用IES灯光，分别追加相应的光域网文件。布置书房吊顶右边的射灯时，如果希望照明方向不是默认向下的，可以在绘制IES灯时按住shift键，这样可以根据需要绘制出射灯光线的出射角方向，3组射灯的位置如下图所示。

书桌正上方还有一盏吸顶灯，采用平面光来模拟它的发光方式，尺寸为40mm×40mm，位置如右图所示。

> 提示：吸顶灯一般用平面光来模拟，吊灯一般用球形光来模拟，这是因为吊灯对于顶面的直接照明影响较大，而吸顶灯则很小。

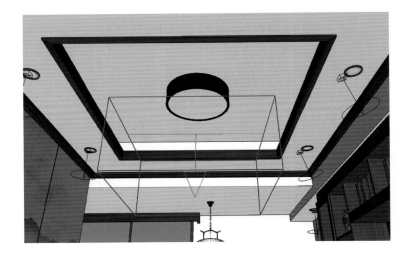

5.6　渲染出图

本案例采用CPU测试渲染，GPU正图渲染的方式。

5.6.1　测试渲染

测试渲染前先关闭软装图层与植物图层以加快渲染速度，草图的画幅大小为960像素×720像素，全局照明为辐照贴图加灯光缓存的组合方式（可参考68页2.6.2小节），降噪方式采用Nvidia降噪，直接渲染得到右图。

这时整体光线较暗，将曝光值调为 12，再次渲染得到右图。

可以看出，靠近窗户区域的光线强度合适，但其他位置依然很暗。把穹顶灯的强度增加到 20，渲染得到右图。

这时场景整体的光线亮度足够，但由于穹顶灯的叠加作用，窗口处出现了曝光，这时将阳光强度改为 0.6，渲染后如右图所示。窗口处的曝光消除了，同时场景也能维持一个较好的亮度水平。但是对于场景的效果而言，还缺乏层次感，需要对局部照明的光源进行调节。

5.6.2 调节参数

先对3种不同光域网文件的IES灯光进行设置，具体参数如下图。根据场景中不同的应用需求，选择具有不同光束角的光域网文件。IES灯光的强度没有固定的调节方式，一般按照500~1000的增量来调整。

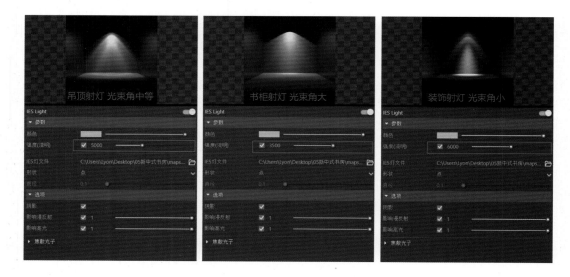

吊顶平面灯与穹顶灯的参数设置如下图所示，平面灯的亮度与强度设置和尺寸大小相关，而穹顶灯的亮度一般按照5的增量进行调节。

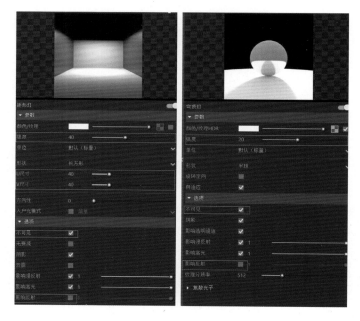

多次测试后，最后的草图效果如下图所示。场景中光线的层次感表现出来了，但整体的效果还不够明亮，可以在后期通过帧缓存面板来进行调整。

> **提示：**一般来说，渲染出图不要太过明亮，因为一旦过曝，后期是无法调暗的；而画面偏暗（暗部依然有细节的情况），后期调亮是很容易的。

本次设置的草图参数可以运用于很多室内场景，可以通过保存按钮将整个设置参数保存成文件，方便下次调用（下左图）。

5.6.3 最终渲染出图

将软装图层与植物图层取消隐藏，以GPU渲染的方式设置正图参数（下右图）。正图画幅的短边像素一般不应低于1080像素，这里将它设置为2000×1500。

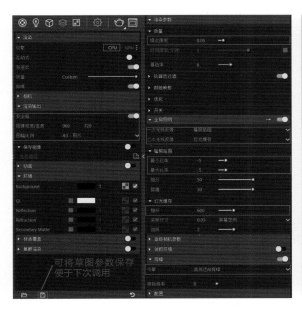

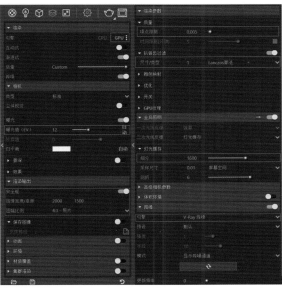

出图后在帧缓存窗口中简单调整一下曝光度、饱和度与对比度，最终得到书房效果图。

5.7 制作施工图

5.7.1 绘制顶面布置图

本案例以书房吊顶制作为例，具体操作方法参考前面几章的内容，下面是概括性的作图步骤。

复制平面布置图，将门改为闭合门洞，保留到顶面的家具，其他部分删除，整理后得到下图。绘制时可先注明飘窗顶板的标高。

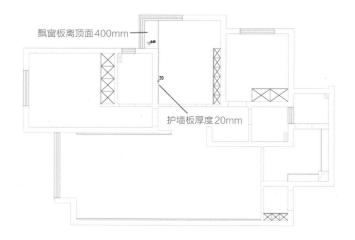

飘窗板离顶面400mm

护墙板厚度20mm

根据SU中的顶面造型尺寸，先对书房吊顶进行分区，由于榻榻米上方吊顶与飘窗板平齐，可将飘窗板的边线删除。分区时要记住预留护墙板到顶的厚度20mm，具体尺寸见下左图。

完成后绘制相关的设计元素，包括转角窗帘、两组木作线条和灯具（下右图）。需要在不同的图层绘制对应的物体。

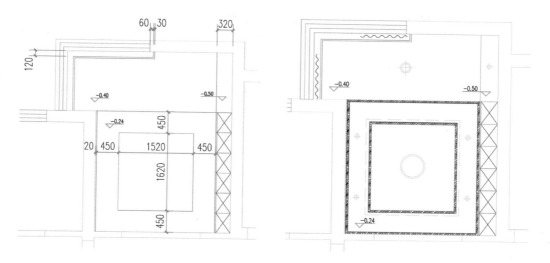

最后对顶面图进行标注。

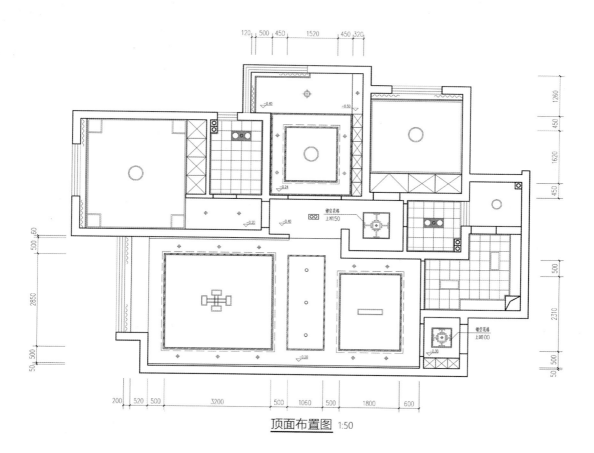

顶面布置图 1:50

5.7.2 绘制地面铺装图

同样复制平面布置图，将门改为开口门洞，保留到顶面的家具，其他部分删除。用画线工具对门洞进行封口，整理后得到下左图。绘制保留飘窗台的分面线，同时需要注明榻榻米离地面的高度为300mm。

接下来完善细节，使用用户定义的方式填充木地板竖线（120~150mm），用大理石图案填充窗台石。将榻榻米席垫分成三份，与效果图保持一致。（下右图）

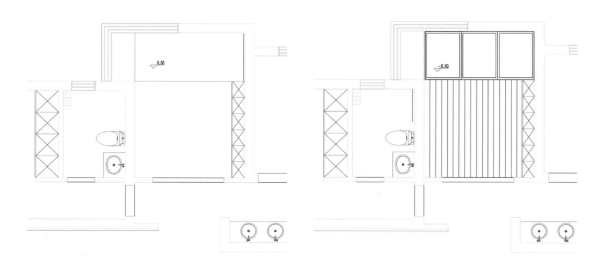

最后进行材料标注与尺寸标注。

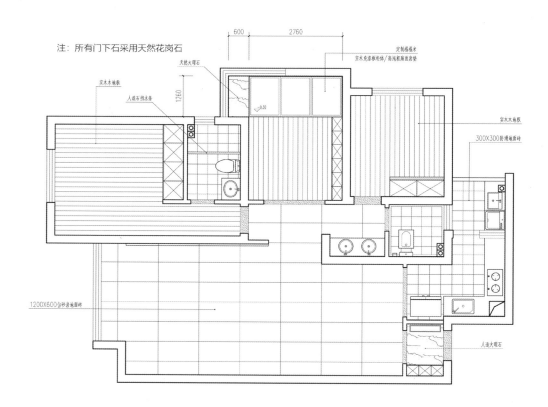

地面铺装图 1:50

5.7.3 绘制立面图

绘制立面之前可在 SU 模型中获取剖面样式作为参照。

A立面图   B立面图

C立面图   D立面图

参考前几章立面图绘制步骤,依据模型中的尺寸,绘制出四个方向的立面图。四个立面绘制在一张A3图纸上,比例为1:40。

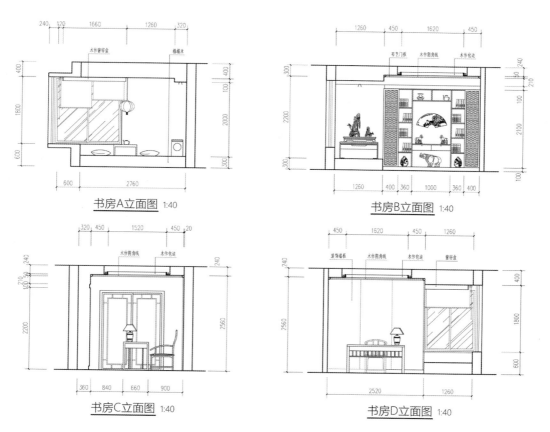

书房A立面图 1:40   书房B立面图 1:40

书房C立面图 1:40   书房D立面图 1:40

本案例中，对比书房SU模型生成的立面与CAD绘制的立面图，下面说明两者之前的关联与区别。

蓝色填充部分为剖面切到的位置，应该在剖面图层中绘制其边界。

在模型B立面中，绘制了书柜，但书桌并没有绘制出来。这是因为书桌选用的成品家具，而书柜是订制家具，需要清楚地表明它的尺寸与分隔形式。因此立面的绘制常常要考虑家具与软装的取舍。

在模型C立面中，书柜被剖切到的位置是隔板，但是在立面图的绘制中，可以将书柜的外轮廓看作一个整体（一般是在详图中才表示为隔板剖切的形式）。

在模型D立面中，书桌的样式与CAD立面图上的并不一致，这是因为非订制家具在实际工程中也不一定是和图纸上的样式一模一样。但是，两者的尺寸（长宽高）必须是一致的，也就是说无论是模型还是图纸，都必须符合人机工程学的尺度要求。

总之，绘制立面图的目的是要清楚准确地反映空间竖向尺度关系和构造结构。

5.8　本章小结

本章场景在建模的过程中，主要采用一边建模一边赋予SU材质的方式进行。

在天正设计图的绘制中，重点讲述了空间中四个方向完整的立面图绘制，尤其是如何结合SU的剖面图进行立面制图的取舍。

在材质的讲解中，系统介绍了法线贴图的使用方式，布纹材质中特殊的菲涅尔漫反射形式，以及折射材料与透明材料的区别与关联。本章也对程序贴图的概念和应用做了相关的介绍。

在灯光讲解中，重点是穹顶灯的使用，可以理解为第二种叠光法。同时也对IES灯光采用不同的光域网文件做了比较说明。

本章使用的CPU草图渲染，GPU正图渲染的方式是制作效果图最为常见的组合形式。它既能保证草图渲染阶段的迅速出图，又能保证正图渲染阶段的准确与质量。

第6章

会议室设计

6.1.1　绘制平面布置图

　　本案例为一个面积为 38m^2 的小会议室。空间的层高为 3600mm，设计高度为 3400mm。原结构如右图所示，可以看出空间平面方正，但柱头较多，顶面有一道横梁比较突兀。因此设计需要解决以下两个问题：一是通过护墙板与家具造型弱化柱头，二是通过吊顶隐藏横梁。

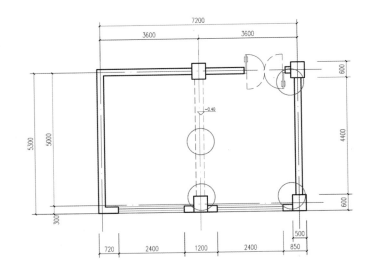

　　会议室的平面布置比较简单，靠窗一侧中间的柱头比较突出，凸出墙面360mm，可以在这一侧设置两段柜子，既有收纳的功能，又能弱化柱子。右边墙角也有两个柱头，突出墙面的距离较小，为130mm，可以做成三段式的造型将柱头包起来。最后放置会议桌，完成后的平面布置图如右图所示。

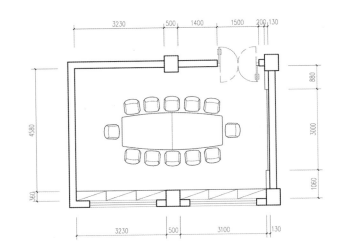

6.1.2　绘制顶面布置图

　　本案例着重讲解设计图与建模之间存在误差的处理方式，所以先在天正中绘制其他设计图纸，再根据设计图进行建模。

　　整理平面得到顶面框架图，在此基础上对顶面区域进行划分，采用对称形式的吊顶设计。一般来说，吊顶的对称形式是去掉窗帘盒位置之后再划分的，所以第一步是预留200mm的窗帘盒位置。这时可以发现，中间突出的两个柱头在顶面图上的突出部分尺寸差不多，这样就有了很好的对称布置的基础图形。接下来绘制四周低、中间高的吊顶形式，中间区域与梁平齐，下吊400mm，四周下吊640mm，同时要预留投影幕布的位置。

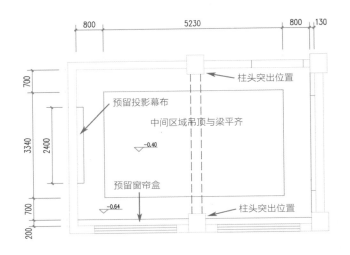

四方吊顶显得太过简单，用偏移工具向内偏移300mm，分别连接这两个矩形的四个角，形成斜坡造型。然后对斜坡的上下两层边缘线继续偏移20mm，形成金属收边条。吊顶中间为平板灯，也制作20mm的收边条。平板灯的宽度为1200mm且居中。在右边顶面绘制240mm×2000mm的空调出风口。绘制窗帘后，顶面造型的细节部分就完成了，完成后可将梁的虚线删除。

从图库中调入灯具，主要是嵌入式射灯与轨道射灯。同时需要将平板灯等分成6份。等分命令为DIV，输入后选中边线，再输入6段，这样在边线上就会出现5个节点。在对象捕捉面板中勾选"节点"，就可以在节点上找到辅助点进行等分绘制了。平板灯的厚度为40mm，与吊顶中间区域有高差，因为梁的存在，所以没有设计成嵌入式的。

最后对顶面图进行标注。

6.1.3　绘制立面图

以平面图与顶面图为参照，先绘制出A立面图的框架。绘制时要保留梁的截面，将其作为吊顶最高点的参照。图中浅蓝色的部分为截面，可以将剖面理解为一把刀，截面就是刀在物体上所经过的区域。

接下来根据顶面图的尺寸，绘制出吊顶的剖面线，吊顶的中间区域为最高点，与梁平齐，比四周再上吊240mm，其中200mm是斜坡样式，40mm是放置平板灯的位置。剖面上应该绘制出隐藏式幕布的位置；空调内机则应该由安装空调设备的专业人士来确定具体位置，这里可不用画出。为呈现墙面造型的一致性，将门套与护墙板收边条做成一个整体，分隔样式如右图所示。

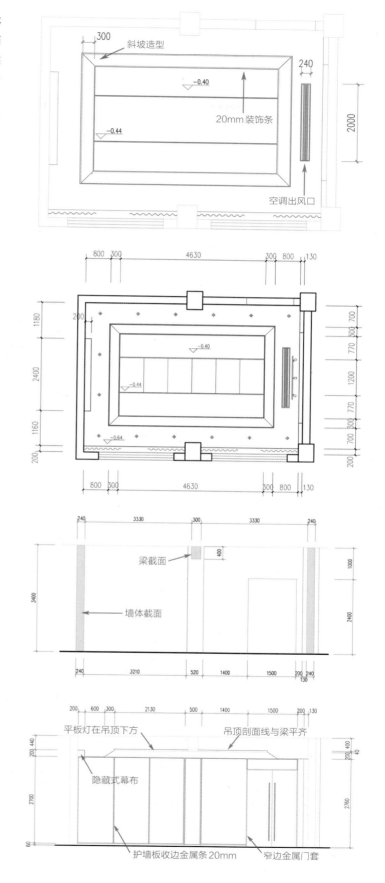

绘制幕布图形，调入灯具模型，将护墙板填充为木纹图案，最后进行标注，完成A立面图。

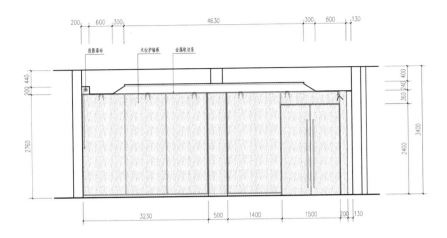

以同样的方式绘制D立面图。这个方向的剖面是没有经过梁与柱的，所以在立面上不用表现梁与柱子，吊顶的形式按照顶面图尺寸绘制即可，边柜的尺寸为360mm×900mm，深度与柱平齐，高度与窗台平齐（下左图）。

接下来细化边柜与墙面造型，边柜上面为厚度20mm的窗台石，与窗底相接，正面有反边，厚度为40mm。柜门厚度为20mm，柜体自然产生收脚。墙面中间部分为幕布后的背景，采用蓝灰色烤漆玻璃，作三段式的分隔，踢脚线高度为100mm（下右图）。

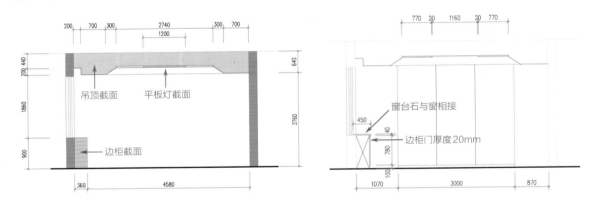

最后进行填充和标注，完成D立面图。

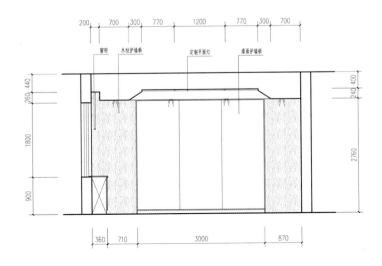

6.2.1　CAD 导入

将平面图导出为"天正3格式"，整理后导入SU，删除多余线条。用生成面域工具封面。

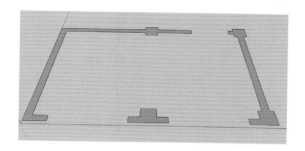

用推拉工具向上推出设计高度3400mm。在柱头上方中心处画出300mm×400mm的矩形，推出到对面柱头，得到柱、梁、墙框架。

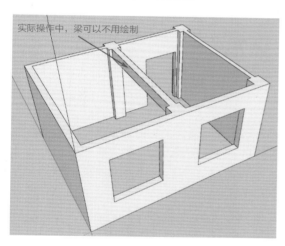

实际操作中，梁可以不用绘制

> 提示：为了方便后面建模，梁可以不用构建，这里构建梁是为了方便理解空间结构。

6.2.2　建立墙体与窗

对墙体封门窗洞口，门高2400mm，窗高1800mm，窗台高900mm，完成后绘制窗户。窗框总厚度为100mm，窗扇框厚度为40mm，窗玻璃厚度为20mm，玻璃绘制完成后赋上透明材料以示区别。窗户在洞口处居中放置。

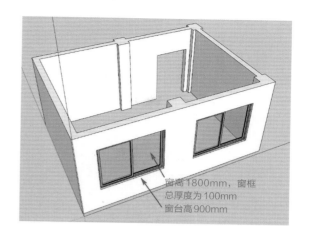

窗高1800mm，窗框总厚度为100mm
窗台高900mm

6.2.3　制作护墙板与边柜

护墙板可以在墙面上直接绘制，为了方便理解构造方式，这里将其作为独立的模型进行绘制。除窗户所在墙面外，另外三面墙与柱头包护墙板，高度为2760mm，厚度为30mm。B立面上的墙按包柱的方式直接拉平即可。

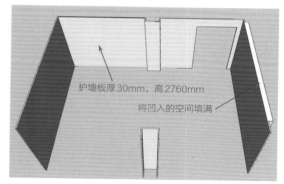

护墙板厚30mm，高2760mm
将凹入的空间填满

根据设计图绘制边柜，边柜踢脚高度为100mm，向内收20mm，正好是柜门的厚度。边柜高度与窗台平齐，顶板厚度为20mm。然后用等分复制的方法将柜体分成6个柜门。

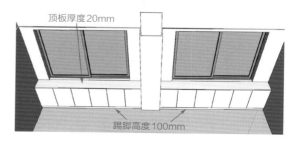

顶板厚度20mm
踢脚高度100mm

接下来绘制窗台石，这里的石材需要覆盖边柜与窗台两个部分，厚度为20mm。向外推出20mm，再将边缘线复制20mm，向下推出20mm。这样就得到了厚度为40mm的反边线，增加厚度的部分正好压住顶板。反边线需要倒角，用路径跟随工具进行倒角，倒角截面为6mm×6mm的三角形。

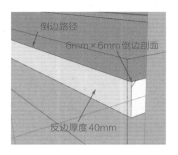

倒边路径
6mm×6mm倒边剖面
反边厚度40mm

最后绘制门缝，建模常用宽度为4mm，向内推入20mm，边框建模完成。

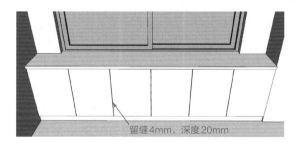

留缝4mm，深度20mm

继续绘制有窗这面墙的护墙板，窗洞位置的三个方向上都要反边，直接用推拉工具使其与窗框相连。到此整个护墙板的基础框架完成。

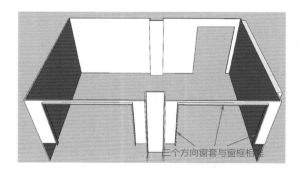

三个方向窗套与窗框框连

深入细节时发现，因为CAD图上没有绘制出护墙板的厚度，所以在SU建模时，相关的尺寸是需要进行调整的。

首先根据A立面图对护墙板进行分隔。护墙板的收口条统一宽度为20mm，并且门套线与收口条是一个整体。柱子突出的部分为阳角，所以角边线的两个方向都要收边。分隔完成后，将踢脚部分向内推入20mm，墙板部分向内推入5mm。

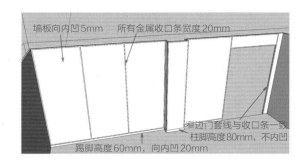

墙板向内凹5mm
所有金属收口条宽度20mm
窄边门套线与收口条一致
柱脚高度80mm，不内凹
踢脚高度60mm，向内凹20mm

投影墙墙面因为两侧护墙板有厚度，所以尺寸上与设计图不一致。在绘制时要满足两个条件，一是中间部分玻璃宽度为3m，二是除开窗帘盒位置后整体居中。使用卷尺工具，绘制出辅助线。这样就能准确地找到墙面上的设计中心线，然后朝两边各复制1.5m，完成总体分割。

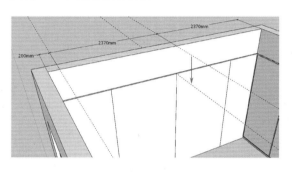

2370mm
2370mm
200mm

接下来用偏移工具绘制收边线并向外推出10mm，再将中间玻璃部分向内推入30mm，玻璃与踢脚线在一个平面上。将玻璃分成三份，分缝宽度为8mm。

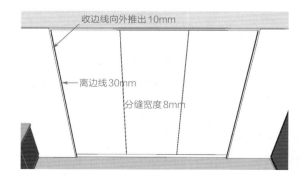

收边线向外推出10mm
离边线30mm
分缝宽度8mm

玻璃之间需要形成V缝，比较快速的方法是：先将8mm的缝向内推空，推空完成后，绘制V缝处的截面，使用路径跟随工具将该处空洞填满，形成V缝效果。

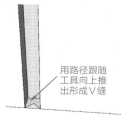

用路径跟随工具向上推出形成V缝

B面墙做法与D面墙类似，尺寸见下图。

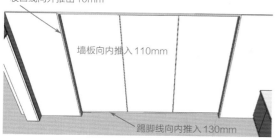

收口线向外推出10mm

墙板向内推入110mm

踢脚线向内推入130mm

这面墙中心部分采用带图案的护墙板，所以踢脚线是向内侧收的，与A面墙做法类似，但墙板与墙板之间是用V缝的方式分隔，具体做法如下图所示。

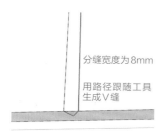

分缝宽度为8mm

用路径跟随工具生成V缝

整个护墙板的建模完成后，赋上相应的材料。因为材质需要在VRay中调整，所以这里只需将不同材料简单地区别开即可。

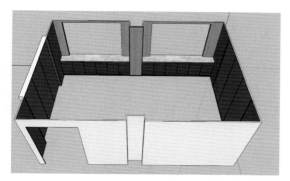

6.2.4 制作吊顶

吊顶的模型尺寸与CAD图纸一致，不用进行调整，直接在墙上推出高度为200mm的体块，然后根据四边的尺寸将中间部分推空。接下来绘制坡状造型，将中心部分上方的四条边向内移动300 mm，如下图所示。这一步完成后，还需要用推拉工具将上表面向上推出40mm，形成放置平板灯的区域。

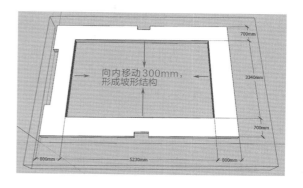

700mm

向内移动300mm，形成坡形结构

3340mm

700mm

800mm 5230mm 800mm

吊顶的总高度为640mm，所以还需要将与梁平齐，高度为400mm的部分绘制出来。吊顶由上下两部分组成，每部分为一个群组。选中两部分后使用模型合并的工具，将两个群组合并为一个。

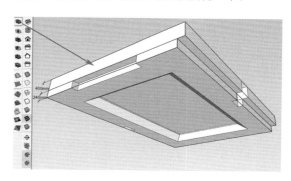

400mm
240mm

接下来绘制吊顶上的装饰收边线条，所有线条的宽度都为20mm。外部的线条高度为20mm，内部线条高度为40mm。平板灯是在吊顶中心，宽度为1.2m，高度为30mm，由相同高度的收边线围合。

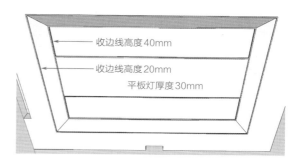

收边线高度40mm

收边线高度20mm

平板灯厚度30mm

最后在吊顶的一侧绘制240mm×2000mm的出风口，吊顶建模完成。接下来可以对吊顶赋予相应的材质。吊顶与墙板采用同一种收边线条材料，平板灯暂时赋予浅黄色以示区别，出风口部分不是设计重点，所以采用了一张出风口贴图，这样也可以减少建模工作。

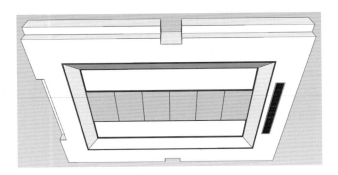

6.2.5　制作门与地面

根据门洞大小绘制门板，厚度为50mm。这里的门为双扇平开门，所以要对整体门板作分缝处理，分缝宽度为4mm。接下来在门板上添加装饰线条，用偏移工具将门扇边线向内先偏移100mm，再偏移20mm，下方的双线向上移动100mm，划分完成（下左图）。

接下来将嵌入的线条向外推出5mm。最后绘制门把手，高度为1800mm，截面为24mm×24mm的矩形管。完成后赋予与护墙板一致的材料（下右图）。

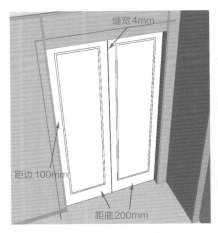
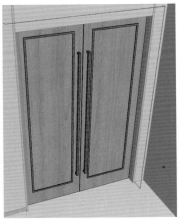

地面的建模比较简单，根据墙体外边线尺寸推出高度100mm即可。地面材料有两种，一是门下石，二是地毯。

6.2.6　导入会议桌与软装模型

硬装部分建模完成后，导入家具、软装、盆栽植物，整理图层。家具主要是会议桌，如果选用的模型与场景所需的尺寸不符合，可用两种方式进行修改。一是使用缩放工具且尽量采用等比缩放的模式，变形缩放可以在小尺度范围内使用，但如果模型发生了明显的变形则要果断放弃。这时可采用第二种方法，也就是对导入的模型用局部移动的方式进行细部修改。当然，也可以将两种方法结合起来进行修改。

最后完成的模型与图层分类方式如下图所示。

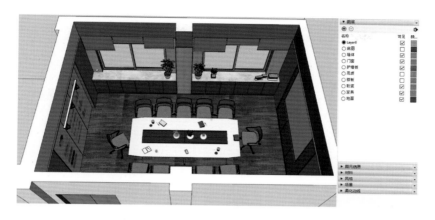

6.3.1　设置地面材质

本章中的大部分材质前面几章都已讲解过，具体的调整方法不再赘述。

地面材质为门下石与地毯，门下石与窗台石都属于石材，反射强度不高且无菲涅尔反射，光泽度为0.95。

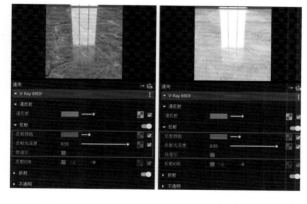

地毯材质中含有两张贴图，漫反射贴图为地毯的图案，凹凸贴图为地毯的肌理。凹凸贴图的大小需要在纹理布置中调整以配合地面图案的比例关系。地毯为深色且处于背光区域，可以不采用法线贴图的形式。

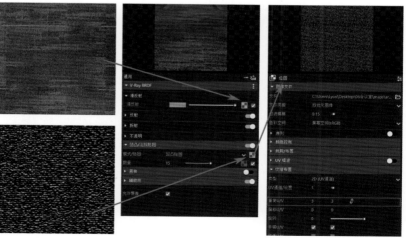

6.3.2 设置墙面材质

墙面材质的护墙板与边柜柜门都属于免漆板材料，参数相同，详见下图。

对景墙部分为一整幅图案，可先在PS软件中排版完成后再整体赋予对景板部分的护墙板。

收边线为古铜色的镜面金属条，投影墙为烤漆底玻璃，两种材料属性基本相同，都属于无菲涅尔反射的镜面效果，参数设置如下。

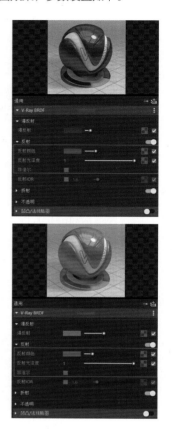

6.3.3 设置顶面材质

顶面为白色乳胶漆，不用在VRay中进行设置，直接在SU中选择白色即可。顶面收口条与墙面一样。顶面平面灯在VRay材质中添加自发光层，设置强度为1的白光。

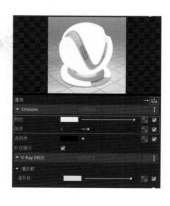

6.3.4 设置会议桌椅材质

会议桌材料由亚光的漆面材质与黑色镜面组成。

桌面颜色为浅灰色，桌子框架为灰色，都是菲涅尔全反射，反射光泽度为0.75。

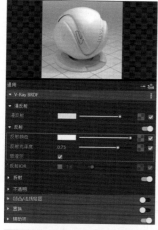

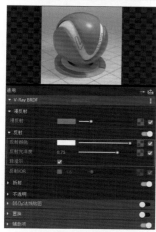

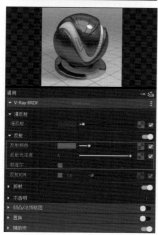

椅子主要由亚光的白色金属漆面与抛光的黑色金属漆面组成，材质调节参数见下图。这里要注意，黑色金属的漫反射不要设置为纯黑色，接近黑色即可。因为纯黑色的物体理论上是不反射光线的，最后出图会出现暗部细节不明显的情况。

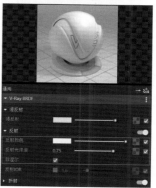

6.3.5　设置网纹材质

椅子靠背的材质为网纹，这是一种带透明效果的材料。一般说来，有三种方式可以产生网纹效果。第一种方式是建模，建出网纹模型，这种方式尽管准确，但会花费大量的时间，同时会让模型体量激增，得不偿失。

第二种方式是在透明贴图中追加网纹的黑白位图，黑色表示不透明，白色表示透明，这种方式有时需要考虑漫反射贴图与透明贴图相匹配的问题。

第三种方式最简单直观，直接在漫反射贴图中添加PNG格式的图片，如下图所示。PNG格式是可以包含透明通道的图片格式。可以在PS软件中查看PNG格式的透明关系，也可以将其他格式的黑白位图在软件中转换为PNG格式。

该贴图为PNG格式，白色区域为透明

6.4.1 设置相机

将相机立点放置于对景墙边，相机视高为1200mm，视角为60°，两点透视模式。完成后，可设置阴影参数以获得一个构图较好的阳光入射角。

6.4.2 设置主光源

场景的主光源有两个，一个是室外的阳光，另一个是室内的平板灯。阳光是自动生成的，平板灯则需要用VRay平面光来模拟。选择吊顶，右击"隐藏其他"，然后在平板灯下方绘制出大小接近灯具模型的平面光。

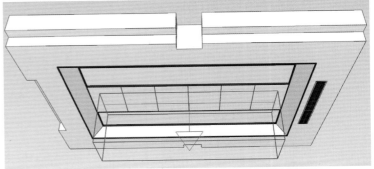

按照5.6.1小节的方法设置草图参数。为加快渲染速度，关闭软装图层。渲染后的效果如右图所示。

可以看出整体亮度不够，将曝光值改为12，再次渲染后得到右图。

整体亮度虽然提升了，但是窗口有明显的曝光，使用叠光法进行修改。先将阳光强度改为0.3，再在窗口内侧绘制两盏VRay平面光作为叠光。注意平面光不要和模型有接触。

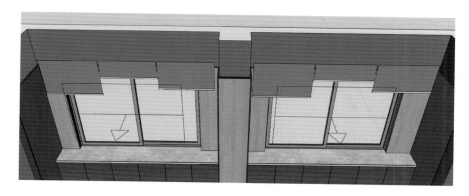

尝试几次后，最终确定叠光强度为默认，平面灯强度为40，再次渲染后得到下图。可以看出，采用叠光法后，获得了较好的阳光效果。

6.4.3　设置辅助光源（局部照明与HDRI照明）

辅助光源主要是局部照明与环境光。

局部照明包括嵌入式射灯与轨道射灯，都采用IES灯光，加载两个不同的光域网文件即可，具体布局如下图所示。因为是在阳光充足的白天，所以局部照明的灯光强度设置较大，为10000以上。本场景中，局部照明对整体亮度的影响很小，它的主要作用是让IES的光晕效果照在墙面上，使墙面材料更有质感，空间更有层次。

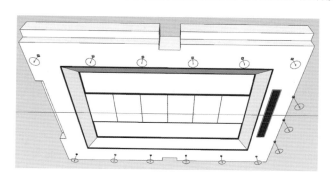

上一张渲染图中，环境光是由VRay阳光自动生成的天光效果。阳光与天光的关系如下图所示。阳光的参数与天光的参数很类似，且相同参数是同步关联的，一般只用调节阳光参数即可。户外呈现出的上蓝下灰的外景正是天光贴图的效果，但这样的效果并不真实。前面几章中都是采用添加外景图的方式来制作室外环境，本案例将采用HDRI贴图的方式来实现外景与环境光的统一。

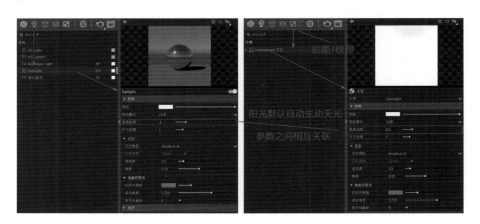

首先了解四个基本的概念。

（1）阳光属于VRay灯光系统中的一种，而天光则是VRay环境光的一种，两者不是同一个系统，但彼此关联。

（2）环境光设置在VRay设置下的环境面板，它在默认情况下就是天光。

（3）阳光与天光之间的关联是可以打断的。比如只有阳光，无天光，背景面为默认的黑色，但依然能在室内场景中看到阳光照进来的效果；关闭阳光，只保留天光，则是阴天效果。

（4）天光只是环境贴图的一种，可以用其他的颜色或贴图替代。

本场景正是使用HDRI贴图来替代天光，具体操作方法如下。

在环境面板的纹理通道中删除原有的天光贴图，追加位图贴图。然后在位图面板中加载HDRI贴图。

HDRI贴图的全称为高动态范围图像（High-Dynamic Range Image），这种图像文件既包含图像信息，又包含光线信息。

高品质全景HDRI文件是在真实场景中用拍摄仪器采样获得的，可真实地模拟环境光线。常见的HDRI文件格式有*.raw、*.dng、*.hdr、*.exr等。在进行选择时，应该选用球形全景或半球全景效果的HDRI文件，下图中可看到球形全景展开效果。

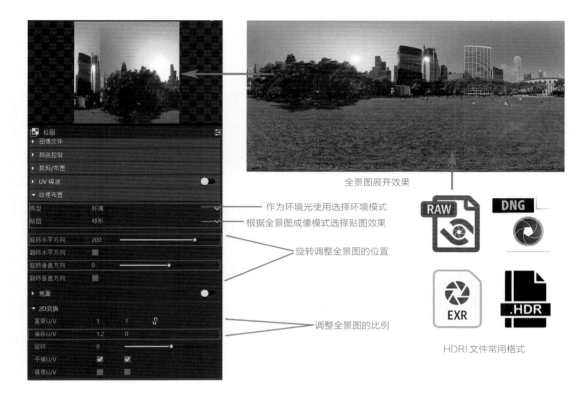

全景图展开效果

位图

- 图像文件
- 颜色控制
- 裁剪/布置
- UV 噪波
- 纹理布置

类型　　　　环境　　　　　　　　　　　　　作为环境光使用选择环境模式
贴图　　　　球形　　　　　　　　　　　　　根据全景图成像模式选择贴图效果
旋转水平方向　200　　　　　　　　　　　　旋转调整全景图的位置
翻转水平方向
旋转垂直方向　0
翻转垂直方向

- 地面
- 2D 变换

重复 U/V　　1　　　1
偏移 U/V　　1.2　　0　　　　　　　　　　调整全景图的比例
旋转　　　　0
平铺 U/V　　✓　　✓
镜像 U/V

HDRI 文件常用格式

加载后可在位图面板中进行参数调整。

"裁剪/布置"中对画幅的调整可影响外景与相机所在位置的远近关系。

"纹理布置"中"类型"为环境，"贴图"为球形。"水平与垂直旋转"可对画面进行绕相机旋转的调整，下图显示的分别是水平方向为 0 和 200 时窗外呈现出的不同效果。

"2D 变换"中的"重复"与"偏移"可对画幅的大小和高宽比进行调整。

6.5.1　正图渲染

　　该场景中的正图渲染参数如右图所示，本案例渲染不采用渐进式渲染的方式。关闭"渐进式"按钮后，VRay将会切换为采样格的渲染方式，同时质量参数面板会有所不同。

　　下面详细讲解一下改变后的参数含义。

　　"格子（桶）尺寸"：表示帧缓存窗口上渲染采样格的大小，一般情况下保持默认。

　　"最小细分"：表示一个像素点最少采样计算次数，保持为1。

　　"最大细分"：表示一个像素点最多采样计算次数，数值越大渲染质量越高。一般说来，草图渲染值设为4~12，正图渲染值为18~24。数值设置过大，计算机可能会宕机。

　　渲染速度与质量可以通过细分进行控制，所以采用这种渲染方式比渐进式更快（当然，渐进式可以中途暂停后保存，理论上讲并没有多大差别）。

　　正图渲染完成后的效果如下图所示。

6.5.2　全景图视点设置

近年来，室内设计行业流行将空间做成720° VR全景图的方式向客户全方位展示设计的效果，这是一种交互式的三维动态视景，配合VR设备，可以给人身临其境的体验。制作720° VR全景图的基础就是渲染出标准的球形全景图。

下面就来讲解使用VRay渲染全景图的方法。首先新建一个相机视角，将相机定位在空间的中心处。视高取人的站立视高（1.6m左右），视角为45°～60°。

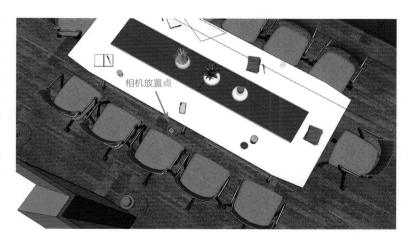

相机放置点

接下来使用绕轴旋转工具，手动调整使竖向结构线尽可能保持垂直。

> 提示：渲染全景图时，视图中不能采用两点透视的模式，只能采用透视显示的模式。

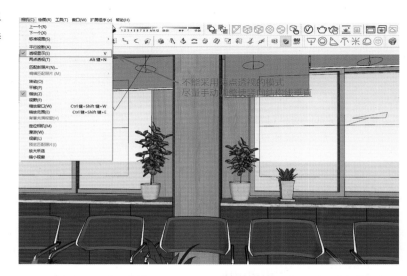

不能采用两点透视的模式
尽量手动调整使竖向结构线垂直

6.5.3　全景图渲染

视点固定后，在渲染设置面板中进行参数设置，如右图所示。

将"相机类型"改为VR球形全景，这样图幅比例自动改为2∶1，同时抗锯齿过滤会自动关闭。"图像宽度/高度"一般设置为6000×3000，最低不能小于4800×2400。图幅太小会导致最后制成的VR图清晰度不够。

由于分辨率较高，为了加快渲染速度，关闭"渐进式"，将"渲染质量"—"最大细分"改为12~18。

最终的全景效果图如下图所示，可以将它上传到相关的VR制作网站，合成720°VR全景图并发布；也可以使用专业的全景VR制作软件Pano2VR制作为VR视频。

6.6　本章小结

本章案例的设计过程是先在天正建筑软件中绘制设计图，后在SU中进行建模。这种设计流程的优点是建模过程中不需再进行设计的推导，只需依据设计图纸上的空间尺寸单纯建模就可，但在二维图纸上进行设计，没有三维模型的参照，需要一定的三维空间想象能力，并且需要熟练掌握和应用室内设计中人体工程学的相关数据，对于空间界面的划分也需要有一定的设计经验。

在灯光与材质的讲解中，重点是HDRI贴图的使用。HDRI贴图有两个优势，一是能模拟出真实的环境光，二是能够获得360°的外景效果，大大简化了后面全景图外景的制作过程。

本章包括效果图的渲染与全景图的渲染，效果图的渲染没有使用渐进式的渲染方式，而是运用了传统采样格的渲染方式，详细介绍了采样参数的含义。这种采样方式在可控性上比渐进式强，但没有渐进式方便，在绘图中可根据需要来选用。

最后介绍了全景图渲染的详细过程，包括相机视角的设置、相机类型的选择、出图比例与大小的要求，以及出图渲染的参数。

園林景观设计实战

方案　施工图　建造

前言
PREFACE

随着整个景观设计行业的不断成熟和发展，人们对园林景观设计与工程有了更高、更新的要求，不仅要求在设计阶段能够准确定位、构思巧妙、细致入微，更要求在施工阶段能够准确领悟设计方案、严格执行设计图纸、紧密联系场地实际。基于这样的时代要求，笔者决定将自身多年的工作经验及案例资料整理、撰写成书，以期能为广大园林景观设计、工程从业者提供一定的帮助。

在整个园林景观设计、施工过程中，概念方案设计是项目开展的初始环节，准确的设计定位、巧妙的设计构思是方案得以深化进行的前提，扩初设计是进一步进行深化细化的重要环节，不单是明确各设计细节的质感、材质、尺寸等，更要从造型、美观、质量等方面考虑，积极地对方案设计再创造。

施工图设计是工程实施的一个重要内容，好的施工图是工作的总体规划，是作业人员实际操作的蓝图，是进行投标报价的基础，也是进行工程结算的凭据，还是编制工程施工计划、物资采购计划、资金分配计划、劳动力组织计划等的依据。它不仅承载着设计者的理念和心血，也直接影响着施工效果，影响着整个园林景观的结构空间和生态有机体，是整个工程设计中最绚丽的一笔。

施工建造过程实际上是以设计方案为蓝本，以施工图纸为依据，将设计师的设计方案变现成实景的过程，这一工程首先需要施工人员与设计师接洽，准确理解设计意图，通过一系列的施工组织与管理，将图纸变为现实。

由此看来，设计、施工图、施工建造的紧密结合十分重要。明代造园家计成在他所著《园冶》中谈到"虽由人作，宛自天开"。我国的自然山水园林的原型都是来源于大自然，通过"师法自然"来体现优美的园林的画境与意境，而这种"以造化为师"的造景手法对设计与施工都提出了更高的要求。古代的造园家，既是设计师又是工程师，作为晚辈后生的我们更需向先人看齐，设计、施工全程参与，尽量做到不留遗憾。

园林景观设计生涯永远不会像掌握某项技能后坐收回报那样简单，它是一个不断成长和不断学习的旅程，希望当您阅读完本书时，它可以帮您开启深入学习和了解园林景观设计与施工的一扇门。

值此本书付梓之际，要感谢为本书撰写提供大力支持与帮助的同仁曹虎、张宏明，同时也要感谢任鹤翔、张剑、宋悦、方荣昊、齐博函等的辛苦付出。笔者自知学识浅疏，如有不妥之处，还望不吝指正。

著　者

2018 年 3 月

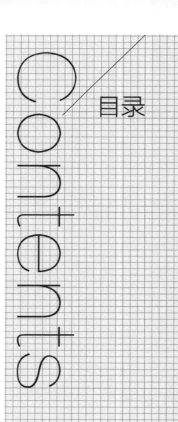

Contents
目录

第1章
园林景观设计概述

第3章
园林景观施工图设计

第4章
施工建造及实景效果

参考文献

园林景观设计实战
方案 施工图 建造

Chapter 1

第1章 园林景观设计概述

园林景观设计是多项工程相互协调的综合设计，就其复杂性来讲，要考虑交通、水电、园林、市政、建筑等各个技术领域。了解掌握各种法则、法规，才能在具体的设计中，运用好各种园林景观设计元素，安排好项目中每一地块的用途，设计出符合土地使用性质、满足客户需要、实用性强的方案。

园林景观设计一般以建筑为硬件，以绿化为软件，以水景为网络，以小品为节点，采用各种专业技术手段辅助实施设计方案。

1.1　初识园林景观设计

在一定的地域运用工程技术和艺术手段，通过改造地形（或进一步筑山、叠石、理水）种植树木花草、营造建筑和布置园路等途径创作而成的美的自然环境和游憩境域，称为园林景观。

1.1.1　园林景观设计的含义

从宏观意义上讲，园林景观设计是对未来园林景观发展的设想与安排，是用于资源管理与土地规划的有效工具。其主要任务是按照国民经济发展的需求，提出园林景观发展的战略目标、发展规模、速度和投资等。这种宏观意义上的园林景观设计通常由相应的行政部门制定的。

从微观意义上讲，园林景观设计是指在某一区域内创建一个由形态、形式等因素构成的较为独立的，具有一定社会文化内涵及审美价值的景物。具体地说，是对某一地区所占用的土地进行安排和对景物要素进行合理的布局与组合（图1-1-1）。

从艺术的角度来讲，园林景观是具有审美价值的景物，它使观察者从视觉、听觉、触觉等方面都能感受到其存在；从精神文化角度来讲，园林景观是能够影响或调节人类精神状态的景物；从生态的角度来讲，园林景观是能够协调人类与自然之间平衡的景物。

因此，园林景观设计既要考虑气候、地理、人文等自然要素，也包含了人工构筑物、历史传统、风俗习惯、地方特色等人文元素，是地域综合情况的反映。

1.1.2　园林景观设计基本属性

（1）自然属性

对园林景观的设计，要求必须有一个相对独立的空间形态，具备形、色、体、光等元素。具体而言，形即空间、造型、位置；色即颜色；体即体积、体块；光即光影。综合这几点可知，园林景观具有可观、可感、可听、可闻、可触的立体多维的自然属性。

> 图1-1-1　河北省首届园博会"武强园""饶阳园"全景

（2）社会属性

　　园林景观必须有一定的社会文化内涵，并具有一定的使用功能、观赏功能及改善环境保护生态的功能，借此来引发人的联想、移情、情趣等一系列的心理反应，即产生园林景观效应。园林景观效应是指作为审美客体的园林景观与作为审美主体的人之间发生的相互转化关系。

　　从以上基本属性可知，园林景观设计实际上是关于土地的分析、规划、设计、管理的科学与艺术，是在不同尺度的土地上建立人与自然、人与人、人与精神之间的关系的一门学科。设计师应在充分认识自然自身功能的基础上，通过改造、管理、保护、修复，使自然环境更适合于人居住。

1.1.3　园林景观设计的起源与发展

（1）中国园林景观设计的起源与发展

　　中国园林产生于商周时期，唐宋时期最为成熟，明清时期最为发达。在漫长的发展史中，中国园林经历了5个阶段：①商周时期，大多是开发原始山林，兼供游赏，即所谓的苑、囿。②春秋战国至秦汉，权贵或富贵者们以自然环境为基础，通过模拟自然美景，增加人造景物，同时将园林与宫殿结合，形成所谓的宫苑，且铺张华丽。③南北朝至隋唐五代，文人以诗画意境作为造园主题，同时渗入了主观的审美理想，布局委婉，富有趣味，耐人寻味。④两宋至明初，古典园林进入了成熟阶段，以山水写意式的文人园为主，诗、画、园林三者相互渗透，赋予园林设计本身以性格；私家园林的造园手法和理念在一定程度上影响了皇家园林的建造；同时，大量经营邑郊园林和名胜风景区，将私家园林的艺术手法运用到尺度比较大、公共性比较强的风景区中。⑤明中叶至清中叶时期，是古典园林的鼎盛时期，其已在艺术门类中自成一家。这一时期的文人园出现了多种变体，民间造园活动更加普及，私家园林群星璀璨、争奇斗艳，江南园林便是其中的代表，如拙政园、寄畅园等；在清代康熙、乾隆时期最为活跃的是皇家园林，当时正处于康乾盛世，社会稳定、经济繁荣，这为建造大规模写意自然园林提供了有利条件，如清漪园（现颐和园，图1-1-2）、避暑山庄、畅春园等；公共园林在发达地区的规模逐渐扩大，大型的园林摹仿大自然的山水，收集摹仿各地名胜集成一处，变成了园中园、景中景的风格，并将园林由传统的游玩观赏向可游玩、可居住方面逐渐发展；这一时期出现了许多造园理论著作和造园艺术家。

随着西方列强的入侵、封建王朝的衰颓，中国古典园林一方面继承前一时期的成熟传统而更趋于精致，表现了中国古典园林景观的辉煌成就；另一方面则已多少丧失了前一时期的积极、创新精神，暴露出某些衰颓的倾向，缺失了思想内涵，园林景观中自然的一面被过于人工化的景象取代，表现出盛极而衰的景象。

清末民初，随着封建社会完全解体、历史发生急剧变化、西方文化大量涌入，中国园林景观的发展结束了古典时期，开始进入发展的又一个阶段——现代园林景观时期。近现代是中国变革史上最为激烈的一个时期，也是我国现代园林形成和发展的时期，西方文化的大量涌入、科学技术的不断创新，使中国园林在这个阶段中发生着翻天覆地的变化。在这100多年中，我国的园林景观学科从理论到技术也都有了前所未有的发展。

中国现代园林设计将园林布局与整个园林的内容、形式、工程技术、文化艺术融为一体，遵循起、承、转、合的章法，一移步一景，弥补了场地的缺陷，自由灵活地进行空间的分隔，

> 图1-1-2 清漪园全景图

> 图1-1-3　亭台实景展示了传统文化与现代造园工艺的碰撞

并用空间对比、渗透的手法凸显出空间的层次。平缓、含蓄、连贯的节奏充满天然之趣，使自然环境与现实生活协调起来，产生美的意境。

现代园林是对中国传统园林的继承与发展。当今的人们已经深刻地认识到，园林艺术应充分的尊重园林传统，有意识地改变忽视自然功能的形式主义设计手法，以自然为主体，根据自然规律进行规划设计，减少对自然的人为干扰，进而形成具有自然活力的人类活动空间。

同时，现代园林利用高科技手段和新的环保材料去扩展和延伸观赏者的感知能力，使传统元素和现代元素结合，共同体现中国古典园林的美，并主张摒弃过于奢华铺张的装饰（图1-1-3）。

现代城市广场、公园、居住区内的园林景观，都是公共场所，服务对象都是人民大众，而私家庭院、会所等，服务对象又是小众，甚至个人。因此，现代园林景观设计应秉承"以人为本"的理念，在保留中国古典建筑风格的同时，要保证园内所有人的舒适性，从人感受的共性出发，来布置景观和各类设施。

（2）西方园林景观设计的起源与发展

西方园林的起源可以追溯到前3000多年前的古埃及时期，尼罗河谷周边便于灌溉的果蔬园，便是古埃及最早的造园活动。种植技术的发展和土地规划能力的提高影响了古埃及园林景观的布局形式。到了公元前16世纪，果蔬园逐渐演变为专供统治阶级享乐的观赏性园林，这些园林有严谨的构图，展现出浓重的人工痕迹，可谓世界上最早的规则式园林。

大约公元前6世纪，建立了民主制的古希腊不但经济大繁荣，且建筑和园林也有了进一步发展。秩序和规律是古希腊美学中美的表现，古希腊园林受其影响而呈规则式布局。古希腊园林最初以实用园为主，随着时代的变迁，慢慢向装饰性、游乐性花园过渡。后由于哲学、宗教、艺术、体育等的发展，其类型更加丰富，大致分为宫廷庭园、住宅景观、公共园林景观和文人学园等。

到公元前1世纪末，意大利半岛、希腊半岛、小亚细亚、非洲北部、西亚等地区被古罗马征服，建立了强大的罗马帝国。古罗马的造园艺术继承了古希腊的造园艺术成就，添加了西亚造园因素，并且发展了大规模庭院，至此，西方园林的雏形基本上形成了。

14～15世纪时，文艺复兴运动将欧洲的园林艺术带入了一个新的发展时期。佛罗伦萨和意大利北部其他城市的郊外乡间遍布贵族富商们的别墅庄园。园林景观多建于山地，连续的台地形成多个观景平台，地形的变化结合借景的手法，营造出引人入胜的效果。几何形的构图将台地与自然环境相互渗透，利用植物作为建筑空间的延伸，使园林景观与周围环境结合得十分自然。

法国古典主义园林则使欧洲的规则式园林达到了一个不可逾越的高度。16世纪初法国园林受到意大利文艺复兴园林的影响，加之法国地形平坦，使其规模宏大而华丽、均衡而完美、庄重而典雅。中轴线是园林中的景观中心，其中府邸建筑为全园的核心，并集结了花坛、雕像、泉池等造园观景要素（图1-1-4）。

17、18世纪时，英国自然风景园的出现改变了欧洲规则式园林长达千年的统治。由于毛纺工业的发展，英国开辟了许多草场，从而出现了大量天然的景观。这些景观摒弃了一切几何形状和对称均齐的布局，代之以弯曲的道路、自然式的植被、蜿蜒的河流，讲究园内和与园外的自然环境相融合。这一时期，以圆明园为代表的中国园林被介绍到欧洲，部分设计师运用"中国式"的手法，形成所谓的"中英式"园林，在欧洲曾盛行一时。

> 图1-1-4 凡尔赛宫

19世纪后期，由于工业的发展，资本主义国家的城市日益膨胀、人口日益集中，为此在郊野地区兴建别墅园林成为资产阶级的一种风尚。同时，许多学者针对城市建筑过于集中的弊端，提出了城市园林绿化的方案。

第一次世界大战后，造型艺术和建筑艺术中的各种现代流派迭兴，园林也受其影响，出现了"现代园林"——讲究自由布局和空间的穿插，建筑、山水和植物讲究体形、质地、色彩的抽象构图，并吸收了东方庭园的某些手法。

无论是中方还是西方，园林文化的形成是受多方思想影响的结果，哲学思想、自然观是其中重要的影响因素。整体看来，中西方园林文化在不同哲学思想的影响下产生了独具特色的艺术形式。中国古代哲学思想可谓是"百花齐放、百家争鸣"。受道家的"道法自然"，儒家的"修身、齐家、治国、平天下"以及佛家的"空"等思想的影响，中国古典园林具有严格的空间秩序，修身养性的禅意氛围，在有限的空间范围内表达无限的意蕴，从而达到以小见大、以少胜多、虚实有度、以显喻隐的审美境界。而西方古代的哲学思想强调以人为本，理性地认识自然，并主宰自然。西方古代的黄金分割比等理念的提出已十分明确地表达出了对规则的比数美学的追求。因而西方古典园林更多地呈现出几何形的规整和人工之美。

中西方园林是世界艺术文化的瑰宝，虽然由于文化、历史背景、地理环境的不同，风格差异甚大。但是随着社会的不断发展，文化的不断交流融合，现代园林风格设计形式不必拘于一格，应相互融合，取其精华，综合继承，开拓创新，形成适合时代的园林新局面。

1.2　园林景观设计方法

园林景观艺术是将理论与实践紧密结合的综合性艺术。它不仅体现了人们物质生活上的需求，而更多的是要满足人们精神上的需求。由于景观设计是多方面相互协调的综合设计，其涉及的学科门类相当广泛，比如美学、植物学、生态学、建筑学、绘画、工程学等，这又使得园林景观设计的手法具有多样性特点。

在国内，沿袭古典园林的营造传统，园林景观往往具有独特的审美趣味，在设计时不仅需要考虑交通、水电、园林、市政、建筑等多学科的内容，满足大众对使用功能的需求，更要能够营造出一定的审美意境，满足人们对美的需求。对于设计师而言，除了了解掌握各个学科的法则、法规，还要在具体的设计中运用好各种景观设计元素，以形成合理、完整的方案。就园林景观设计方法而言，可简单归结为以下几个方面。

1.2.1　构思与构图

构思是景观设计最初阶段的重要部分。构思时应首先考虑的是使用功能，充分为使用者创造、规划出满意的空间场所，同时尽量减少项目对周围生态环境的干扰，不破坏当地的生态环境。景观设计构思的方法概括起来主要有草图法、模仿法、联想法、奇特性构思法等。

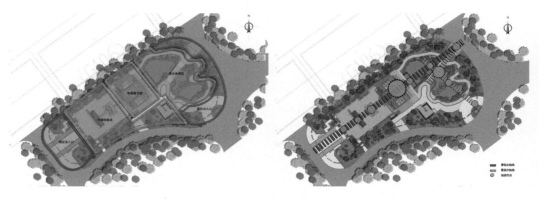

> 图1-2-1　武强园构图

　　构图则始终要围绕着构思出的所有功能进行。景观设计构图包括两个方面的内容，即平面构图组合和立体造型组合。其中平面构图是指将各种造景要素，用平面图示的形式，按比例准确地表现出来（图1-2-1）。立体造型是将场地内所有实体内容，通过三维立体空间塑造出具有审美感受的外观造型。

　　园林景观设计中，有多种可采用的空间变换方法，通过构图与构图的构思推演，可以营造丰富的空间，增添景观效果。

1.2.2　构景

（1）对景

　　所谓"对"，就是相对之意，即相对设景，互为景观，此处相对于彼处，彼处为此处景观，反之亦同。此为中国古老传统阴阳互通之理。对景往往是平面构图与立面造型的视觉中心，对整个景观设计起着主导作用。对景可分为正对和互对。在视线的终点或轴线的一个端点设景称为正对，这种情况下的人流与视线的关系比较单一。在视点和视线的一端，或者在轴线的两端设景称为互对，此时，互对景物的视点与人流关系强调相互联系，互为对景。

　　这种景观设计手法在园林中运用广泛，但要做好这种景观实属不易。图1-2-2所示为河北省首届园林博览会之饶阳园，置身园中，向东北仰望，隔着花架绿植，便见"诗经台"耸立其间，反之，人在台中亦可观园内，一仰一俯，可见造园者之匠心独具。

（2）借景

　　对景是相对为景，借景则只借不对，分远借、邻借、仰借、俯借、互借、应时而借。

　　① 远借：将远景借入园中，园外远景较高时，可用平视透视线的方法借景。

　　② 邻借：将园外的景借入园中，邻借须有山体，便于从亭台楼阁俯视或开窗透视。

　　③ 仰借：在园中仰视园外景物，如峦峰、峭壁、邻寺、高塔等，将其借入园中。

　　④ 俯借：即登高远望，俯视所借园外或景区外景物。

　　⑤ 互借：两座园林或两个景点之间彼此借助对方的景物（图1-2-3）。

　　⑥ 应时而借：借一年中的某一季节或某一时刻的景物，主要借天文气象景观、植物应季

> 图1-2-2 饶阳园鸟瞰效果图

变化景观和即时动态景观。

《园冶》中指出："园林巧于因借。"借景虽属传统园林手法，但在现代园林景观中，也可借鉴此法，以使景观更有情趣。

（3）隔景

"佳则收之，俗则屏之"是我国古代造园的手法之一。在现代景观设计中，也常常采用这样的思路和手法，将好的景致收入到景观中，将乱差的地方用树木、墙体遮挡起来，此即隔景。隔景分区明确，有实隔、虚隔、虚实结合三种。

① 实隔：使游园者视线基本上不能从一个空间透入另一个空间，通常以建筑、实墙、山石、密林等分割形成实隔（图1-2-4）。

② 虚隔：使游园者视线可以从一个空间透入另一个空间，通常以水、路、廊、架等形成虚隔。

③ 虚实相隔：使游人视线有断有续地从一个空间透入另一个空间，通常以岛、桥、漏窗相隔，形成实虚隔。

> 图1-2-3 武强园"音破云天"借饶阳园之景

> 图1-2-4 园林中的隔景效果

（4）障景

障景是古典园林艺术的一个规律，就是"一步一景、移步换景"，采用布局层次和构筑木石的方法，达到遮障、分割景物的目的，使人不能一览无余。障景讲究的是景深、层次感，所谓"曲径通幽"，层层叠叠，人在景中，会产生"山重水复疑无路，柳暗花明又一村"之感（图1-2-5）。

> 图1-2-5 饶阳园"饶阳赋"障景效果

（5）引景

引景即引导之意。通过引景可引起人的好奇心，吸引游园者继续游览景物。漏窗、廊、台阶、弧墙乃至文字等景观都能起到引景的作用，但要运用得当，不能喧宾夺主，这些东西只作引景之用，而非主景（图1-2-6）。例如，颐和园靠近昆明湖的院落内都设有引进漏窗，通过窗可以看到昆明湖的景色，如龙王庙、十七孔桥，但是通过窗不能看到全园的景物，只看到其中的一部分，这会引起游人的想象和不停游览的兴趣。

> 图1-2-6　饶阳园曲廊引景效果

（6）分景

根据空间表现原理，将景区或景点按一定的方式划分与界定，使得园中有园、景中有景、景中有情，可以使景物形成实中有虚、虚中有实、半实半虚的丰富变化，即现代园林景观中常用的景观分区（图1-2-7）。

（7）夹景

远景在水平方向的视界很宽，但其中又并非都很动人，为了突出理想景色，常常会将左右两侧的树丛、山丘或建筑等作为屏障，使其形成一种左右遮挡的狭长空间，这种手法叫夹景。夹景是运用透视线与轴线来突出对景的手法之一，是一种带有控制性的构景方式，它不但能表现特定的情趣和感染力（如肃穆、深远、向前、探求等），以强化设计构思意境，突出端景地位，而且还能够诱导、组织、汇聚视线，使景视空间得到定向延伸，直到端景的高潮（图1-2-8）。

> 图1-2-7　饶阳园分景效果

> 图1-2-8　狮子林夹景效果

（8）框景

园林中有些门、窗、洞或树枝会形成景框，在不经意间它们往往会把远处的人文或山水景观包含其中，这便形成了框景（图1-2-9）。

> 图1-2-9　拙政园框景效果

（9）漏景

漏景是从框景中发展而来的，一般是通过虚隔而看到的景物，如漏窗、漏墙、漏屏风、树林等（图1-2-10）。景物的透泄一方面易于勾起游园人寻幽探景的兴致与愿望，另一方面透泄的景致本身又有一种迷蒙虚幻之美。

漏窗是漏景中最常用的手法，其窗框形式多种多样，根据其窗芯的不同又分为硬景和软景。①硬景是指其窗芯条为直线，把整个花窗分为若干有角的几何图形；②软景是指窗芯呈弯曲状，由此组成的图形无明显的转角。

（10）添景

添景是我国古典园林中建筑构景的方法之一。若眺望远方自然景观或人文景观时，中间或近处没有过渡景观，则会缺乏空间层次。如果有植物作为中间或近处的过渡景点，这处植物便是添景。添景也可以用建筑小品等来构成（图1-2-11）。

> 图1-2-10　饶阳园入口漏景效果图

> 图1-2-11　豫园添景效果图

（11）抑景

中国传统艺术历来讲究含蓄，所以园林造景也绝不会让人一走进门口就先看到最好的景色，最好的景色往往藏在后面，这叫作"欲扬先抑""先藏后露""山重水复疑无路，柳暗花明又一村"。采取抑景的手法，可使园林显得有更有艺术魅力。例如园林入口处常常会迎门挡以假山或照壁来遮蔽美景，这种处理就叫作抑景（图1-2-12）。

> 图1-2-12　饶阳园"琵琶新语"抑景效果

园林景观设计实战
方案　施工图　建造

Chapter 2

第2章　园林景观
方案设计

2.1 园林景观设计流程

园林景观设计，从大型城市公园、别墅区、居住小区，到街心绿地、花坛、假山，无论大小都要经过三大阶段：争取项目阶段；项目设计方案洽谈、落实阶段；项目落地施工阶段。其设计流程具体又可细分为下述几点。

2.1.1 设计委托

设计委托阶段的时长要根据项目的复杂程度和甲乙双方的关系而定，可长可短。有时要经过艰苦、繁杂的竞标过程，甚至往往被淘汰出局。在这个阶段，乙方（竞标公司或个人）需要用到设计师以往的设计作品作为乙方资质证明的补充材料或附件，向甲方（建设单位或业主）展示。

这一阶段的工作内容主要如下。

① 甲方与乙方达成初步设计意向，设计总监接受任务，收集项目背景资料并分析设计任务。

② 乙方向甲方提供项目建议书（公司简介、案例展示、项目建议）。

③ 促成项目设计委托，达成委托意向。

④ 确认项目主设计师。

2.1.2 项目分析

任何一种设计都不能凭空设想，只有在充分了解现实和将来的基础上才不会陷入主观盲目，才会使设计更加科学与合理，使施工图纸更加准确与完善。因而，设计师在设计之前必须对甲方（建设单位、招标单位或业主）所提供的各项要求、各种经济技术指标及相应的文件、图纸、参数进行必要的了解和分析，并会同有关人员亲自到现场勘测，与甲方进行必要的了解和沟通，充分掌握、领会甲方的需要和意图。

基地现状调查就是根据甲方提供的基地现状图，对基地进行总体了解，主要内容包括基地自然条件（如地形、水体、土壤、植被），固有人工设施（如建筑及构筑物、道路、各种管线），周围环境（环境影响因素）等影响到景观视觉效果及工程施工的各种因素。调查必须深入、细致。高明的设计师还会注意在调查时收集基地所在地区的人文资料（如区内有无纪念地、文物古迹或民间艺术、民间故事、民间文化活动等非物质文化遗产），为方案构思提供素材。

这些资料，有的可以到相关部门收集，如自然环境资料、管线资料、相关规划资料、基地地形图、现状图等。收集现成资料之后，再配合实地调查、勘测，有助于掌握尽可能全面的情况。必要时，还可以拍摄现场照片以留作参考资料。

获得相关资料之后，需要对各种资料进行深入分析，具体包括：基地现状分析，景观资源分析，交通区域分析，当地历史、人文景观分析，规划与建筑设计理念分析，项目市场定位分析，设计条件及甲方要求的合理性分析。

2.1.3　初步方案设计

这一阶段的工作主要包括进行功能分区，确定各分区的平面位置，包括交通道路的布置和分级、出入口的确定、主景区的位置以及广场、建筑、大景点、公共设施、停车场的安排等内容。本阶段绘制的图纸有总平面图、功能分析图和局部构想效果图等。

一般的中、小型工程可以直接进行方案设计。当工程规模较大及所安排的内容较多时，就需要进行整体的用地规划或布置，将大景区划分为数个分景区，然后再分区、分块进行各局部景区或景点的方案设计。

（1）设计构想

和所有的创作一样，设计师在创作之前总会进行思想回顾和立意，将建设单位的各种要求与自己的创作习惯和文化素养相结合，找出它们之间既有联系又有区别的要素，既符合风格的定位又有别于传统的形式，从而闪烁出不同的文化亮点，使人觉得既亲切又新颖，这样就解决了设想中的创意问题。

因此，园林景观设计不是一个简单的即兴之作，需要平时的学习和收集。在设计构想阶段，设计者依据大量的文字资料、图片与自己的设计经验，结合基址的实际情况和地域特色及各种经济、技术指标，开始初步勾画出大体设计思路和规划格局。

（2）设计草图

草图是每一次思想的火花、情感的积淀，并不是可有可无的。没有一个高明的设计大师可以抛弃珍贵的草图一挥而就。相反，他们从大量草图中可以找到并发现前所未有的灵感与收获，并依序组成相互关联与内含的文化思路来，为形成完备的设计构思创造了基础。

草图可以快速地记录设计师头脑中的灵感。草图的绘制只需要设计师的手对心中景物的把握，而不需要精确的量化。因此，设计者首先要将构思好的想法以快速简洁的手绘形式在纸上表达出来，从不同的方向、大小、角度进行演绎展示，使人能从草图上清晰认识到并能明白将要形成的物质景物。经过对草图的反复推敲、修改后，基本方案确定下来，这样就可以进入电脑制图阶段。

（3）电脑制图

电脑制图追求的是以实际尺寸、大小、颜色来展示这些设计思想，包括绘制图、分析图、文字说明等。这个阶段的设计是在已经具备一定的成熟条件之后的工作和创造，是用科学技术的手段来设计表现创意构思，形成具体直观的原理和图像，以此来规范设计。

（4）文本（项目方案书）制作

为了系统完整、形色兼备地表达设计者的思想，并向甲方进行汇报，与之沟通，最后需要将设计说明、设计方案等合订在一起，做成文本的形式。设计方案文本是设计师一个设计阶段的完成和总结，它包含了设计者的全部思想和结晶。

设计方案文本包括设计说明（现状说明、设计依据、设计目标），总规划图（现状分析图、景点分析图、交通分析图、人流分析图），效果图（规划总平面效果图、主景点透视效果图、平面效果图、剖面效果图），种植图（种植说明现状条件、植物配置、预期效果、植物种植规划图、苗木表），意向图（灯具、桌椅、垃圾桶、指示牌、植物、标识、雕塑、小品等），园景的透视图以及表现整体设计的鸟瞰图。

（5）方案设计评审会

项目书送交甲方之后，甲方会组织专家进行审查，并提出修改意见。在方案设计评审会上，项目负责人要在有限的时间内，将项目概况、总体设计定位、设计原则、设计内容、经济和技术指标、总投资估算等诸多方面内容，向甲方和专家们作一个全方位的汇报。在这个阶段设计师可以将自己的设计想法很好地进行宣传，以求得到对方的认同。首先要将设计指导思想和设计原则讲清楚，然后再介绍设计布局和内容。指导思想的介绍必须与甲方的想法紧密结合，设计内容的介绍要与主导思想相呼应。在某些环节上，要尽量介绍得透彻一点、直观化一点，并且一定要有针对性。

2.1.4 扩初设计

在初步方案取得甲方认可之后，设计进入扩初阶段（又称详细设计）。扩初设计是一种深化设计，需要在原设计的基础上进行一次全面的深入和调整。此时的加工已经不再是原来意义上的修改方案，而是要把设计想法和已经形成的设计成果与建设单位现有的物质、技术、经济、文化等方面的条件进行一次有机的结合，找到最佳的结合点。

在这个阶段，设计成果在形式功能上已接近成熟，设计师的思考开始从以形式为主的设计向实质性方向转化。经过一段时间的考虑和再构思，设计不再是单纯的思想设计，而是要对设计者的设计思想在现有条件下是否切实可行进行一次综合处理与评估，也就是可行性的设计，包括技术、材料、资金、人力、环保、文化、后期管理等，还包括设计的工艺、成本是否在节能、增效的范围内，并对原有设计进行检查和完善，使之更具有合理性、完整性、可行性。如有不适合的地方，还得重新修改设计。这一阶段是在原来设计基础上的加工，是一次全面综合的检验和完善，以趋利避害，设计出更合理、高效、经济、环保的物质、精神成果，来满足建设单位与社会的需求。

扩初设计要求制作详细、深入的总体规划平面图，总体竖向设计平面图，总体绿化设计平面图，建筑小品的平、立、剖面（标注主要尺寸）图等。最后生成的扩初文本，除上述图纸外，还要提供给排水、电气设计平面图、工程概算表等。扩初文本将再一次送甲方审查，这时的评审会称扩初评审会。在扩初评审会上，专家将对图纸和文本提出具体的修改意见。

2.2 园林景观设计实例引入

2.2.1 实例概况

本书以河北省首届园林博览会两大展园——武强园、饶阳园为例，进行实战讲解。这里重点介绍武强园。

武强园位于河北省首届园林博览会西北部，毗邻饶阳园和深州园，占地面积1524平方米。

武强园提取传统造园手法精髓，通过对武强文化的再创作，并结合县委县政府"音画风尚，文盛武强"设计指导思想，巧妙地利用原始地形地貌，打造丰富的竖向设计内容，深入挖掘千年古县武强文化底蕴，运用新材料、新工艺、新手法，力图展现新时代武强的新面貌（图2-2-1）。

本工程的总工期为100日历天，工程质量要求达到国家施工验收规定的优良标准。

建设单位：武强县人民政府。

设计单位：衡水学院建筑景观研究所。

监理单位：河北省衡水市工程项目管理有限公司、天津市园林建设工程监理有限公司。

施工单位：泰华锦业建筑工程有限公司。

　　　　　河北鹤鸣景观工程有限公司。

> 图2-2-1 "武强园"拢音湖实景

2.2.2 设计立意与设计分析

（1）音画风尚，文盛武强

"音"指的是武强县驰名海内外的金音乐器。在本案设计中以部分金音乐器为设计元素（图2-2-2）。

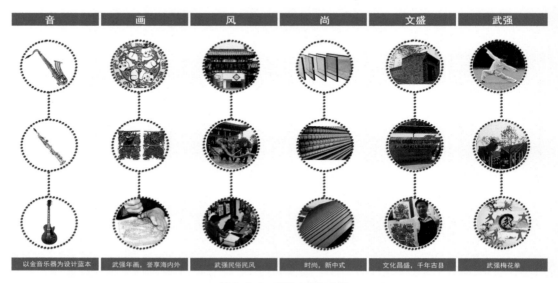

> 图2-2-2 设计立意与分析

"画"指的是武强年画。武强年画是我国民间艺术宝库中的一颗璀璨的明珠，曾被人们誉为河北艺术的象征，以其深厚的民间民俗、独特的民族艺术风格而享誉国内外。本案例对于武强年画的代表图形图像有崭新的演绎。

"风"指的是武强县的民风民俗。武强民风淳朴，人们自古以来就崇尚燕赵之风，团结、正直、勤劳、淳朴，在传承发展中充满着和谐向上的氛围。

"尚"指的是时尚、样式。本案例结合极简主义设计手法，建筑局部用金属、玻璃、钢筋混凝土替代传统民俗的木架结构，用新材料、新工艺体现新武强的时代感。

"文盛"代表武强县历史悠久，东汉时曾名为武遂县，到南北朝时更名为武强县，沿用至今。2006年，武强县被联合国教科文组织评定为"千年古县"。武强自古名人辈出，文化昌盛。

"武强"代表武强梅花拳术。在冀中声名远扬的武强梅花拳是中国武术的瑰宝。在本案例中，设计师仿制梅花拳之梅花桩，并陈设两位梅花拳师的钢制影形于其上，彰显武强梅花拳术的生动形象。

（2）轴线分析

武强园景观主轴节点依次为入口仪门、六子争鸣、三鱼争月、年画之乡展馆、拢音湖（图2-2-3）。

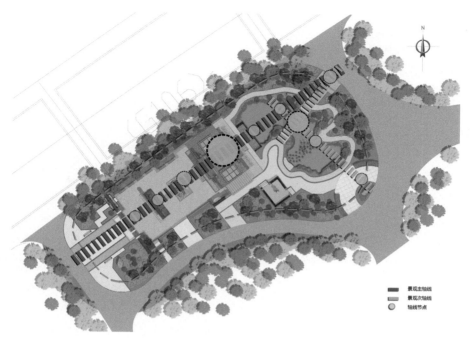

> 图2-2-3　主轴线节点

（3）道路分析

　　武强园设置两级园路，有贯穿全园的游园主路，还有曲径通幽的游园次路，在设计的同时又考虑了特殊人群的需求，贴心地设置了无障碍通道，利于老人及儿童游览（图2-2-4）。

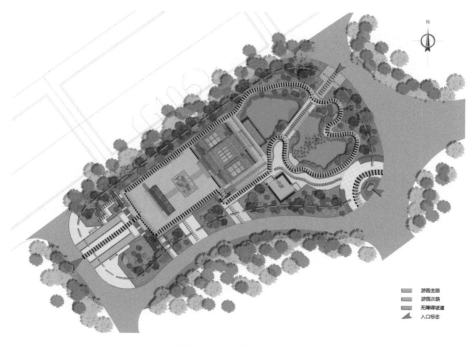

> 图2-2-4　武强园道路示意图

（4）功能分析

武强园划分为一展馆、四区域：年画展示馆、园区主入口区、儿童体验区、亲水休闲区、园区次入口区（图2-2-5）。

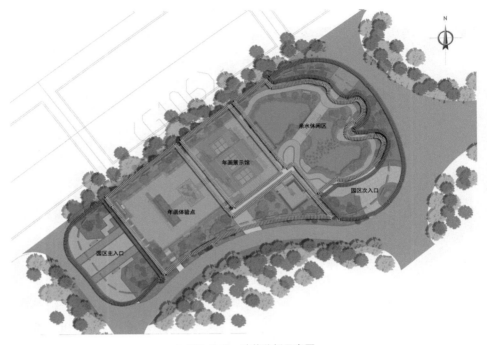

> 图2-2-5 功能分析示意图

年画展示馆为展馆建筑，设计原型取自冀中传统民间建筑，建筑局部采用槽钢和钢化夹胶玻璃代替不透光的墙体，虽用现代手法材料，却不失传统风味。在白天室内无须开灯照明，节能环保，晚上建筑周体发光，时尚感十足且传统味悠长。另外，立面的玻璃扩展了视线范围，开阔了室内视野。

步入景园正门，素雅景韵映入眼帘。武强园传承传统民居精髓，紧随时代步伐，以新中式的风格满足现代人的审美需求。入口仪门材料、工艺新颖，风格简约时尚又不失传统特色。门侧的"荷花汀步"与水帘结合，带给游客以漫游荷塘之美感。

（5）竖向标高分析

设计师依照园博园倡导的"海绵城市理论"对园区标高进行了设计，不用借助管道排水，根据所设计的3%的自然排水坡度进行自然排水，环保节能（图2-2-6）。

（6）平面图

平面图中清楚地标示出了武强展园中各个景观节点的具体位置，从主入口广场开始依次是入口置石—画使春归—入口仪门—水帘汀步—年画透景墙—六子争鸣—三鱼争月—月亮门—音破云天—年画之乡展馆—踏水听琴—拢音湖—六弦桥—次入口—梅花桩（图2-2-7）。

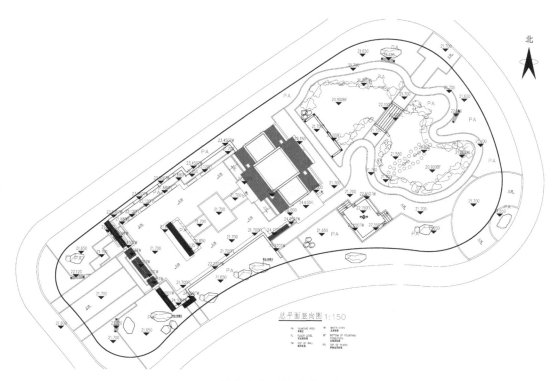

> 图2-2-6 园区标高设计

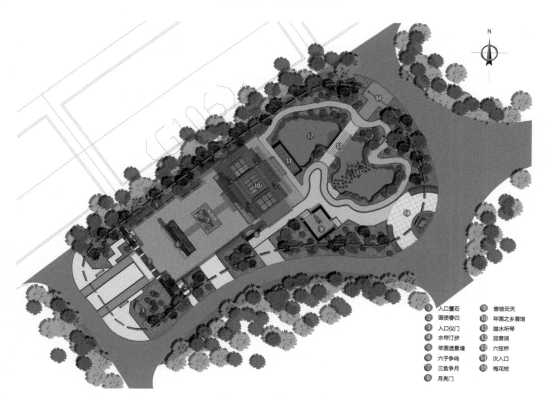

①	入口置石	⑨	曾破云天
②	画使春归	⑩	年画之乡展馆
③	入口仪门	⑪	踏水听琴
④	水帘汀步	⑫	拢翠湖
⑤	年画透景墙	⑬	六弦桥
⑥	六子争鸣	⑭	次入口
⑦	三鱼争月	⑮	梅花桩
⑧	月亮门		

> 图2-2-7 武强园平面图

2.2.3 设计创新（五大互动体验点）

（1）"六子争鸣"景墙

传统武强年画中，最具有代表意义的作品就是"六子争头"。在本案例中，设计师将"六子争头"娃娃手中的苹果、桃子等元素改为金音乐器之长笛、小号等元素，整幅图的中心改为"鸣"字，使武强经典年画与乐器相结合，应和"音画风尚"之主题，形成崭新的"六子争鸣"的图形（图2-2-8）。

武强园内以影壁形式将武强年画与金音乐器协调融合，设计出"六子争鸣"玻璃景墙，分解出的"六子"可拼接为一幅完整的图案，底部的六个独立儿童形象采用拼图拼接形式，以满足观众尤其是儿童的好奇心，让其近前体验"六子"的趣味性，在增强互动性的同时，使观众对武强传统文化有更深入的了解与认识。

> 图2-2-8 "六子争鸣"来源及效果图

（2）梅花桩

武强梅花拳是中国武术的瑰宝。梅花桩取自梅花拳，将梅花桩与水结合，一根根防腐木桩伫立水面之上20cm，两位梅花拳师的身影跃然其上，一招一式彰显着武强梅花拳魅力。游客行于其上，可体验梅花拳文化（图2-2-9）。

（3）"音破云天"演奏台

本设计以武强金音乐器为蓝本，创造性地在演奏台中心，做出可发音的不锈钢雕塑大提琴，供游客上台亲身体验，琴弦单独订制，拨响琴弦，发出丝丝弦音，借如此直接的体验模式，创造出一个人与景观互动的空间（图2-2-10、图2-2-11）。

> 图2-2-9　梅花桩来源及效果图

> 图2-2-10　"音破云天"效果图

> 图2-2-11　"音破云天"实景图

（4）"荷花汀步"

本设计以"荷花"为设计元素，以花岗岩石材为基础，形成"荷花汀步"，水中以睡莲植物为衬托，使整个"荷花汀步"池更富有活力。亲水是人的天性，游客往来于汀步之中，尤其在炎炎夏日，更能使其获得很好的体验（图2-2-12）。

> 图2-2-12 "荷花汀步"效果图

（5）六弦桥

六弦桥位于展园后侧，以金音西洋乐器为设计元素，引入红外感应技术，人步入桥头，感应器即发出琴弦的美妙声音，使人似行在琴弦之间，音随步响。在这种环境中，人与桥之间产生互动，对游客而言，将是一种美的享受（图2-2-13）。

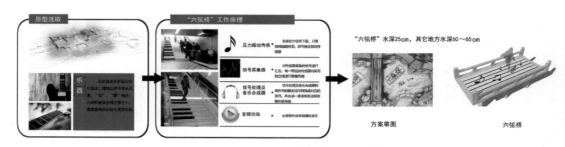

> 图2-2-13 "六弦桥"设计推演

2.2.4 铺装与景墙

（1）"三鱼争月"铺装

武强年画"三鱼争月"以传统造园手法"花街铺地"的形式展现，用传统工艺配合精致石材增加景观的观赏性与实用性。

（2）年画透景墙

年画透景墙是以经典武强年画"王羲之墨池洗砚图"和"孟浩然踏雪寻梅图"为蓝本，经过现代等离子透雕技术加工而成。古为今用，诗画结合，雅俗共赏（图2-2-14）。

> 图2-2-14 年画透景墙效果图

（3）特色人造雾

武强园在亲水休闲区增设特色人造雾装置系统，雾浓似云海般缥缈，云起云聚，雾淡如轻纱拂面，与湖面、景石、植物相映衬，柔美之极，整个园子因此显得更具神秘感。游客漫步弦桥之上，伴着弦桥发出的奇妙旋律，宛如身在仙境，获得轻松愉悦的享受。

2.2.5 小品设计

（1）特色坐凳

设计师将武强园的设计理念"文盛武强"融入展园中的每一处细节。用耐候钢雕刻的宋体古印"文盛武强"粘接在凳面两端，成为武强展园的一个特色（图2-2-15）。

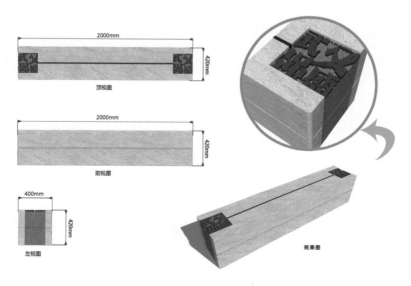

> 图2-2-15 坐凳设计

（2）展板

建园结束后，方案设计师以及驻场设计师共同编写简版造园记，制成展示板放于园内，使游客更为直观清晰地了解到武强展园的建造过程。

（3）羊皮灯笼

武强年画因产地武强而得名，历史悠久，驰誉中外。在长期的继承、发展和创新中，形成了独特的民族特色、地方特色、时代特色和艺术风格，深受广大人民的喜爱。中国文联副主席、中国民协主席冯骥才考察武强年画博物馆时挥笔题词："应说年画百家好，自是武强天下雄。"本案例中，设计师巧妙地将武强年画运用在园区的羊皮灯笼上，美观而实用（图2-2-16）。

> 图2-2-16　羊皮灯笼

2.2.6　植物设计

设计师在对植物的选择和景观设计中遵循如下原则。

① 适地适树，合理造景。在主入口利用高大的乔木、低矮的灌木与时令花卉进行造景，以亮丽的色彩和图案吸引游人。

② 高度搭配适当。在组团植物造景的设计中，根据不同植物的高度搭配进行景观的设计。

③ 色彩协调，四季有景。物种的选择上考虑了植物不同的叶色、花色和叶期、花期等综合因素，使植物具有丰富的季相变化。

武强园计划种植植物如图2-2-17所示。

红枫　　　　白蜡　　　　紫荆　　　　碧桃　　　　合欢

石榴　　　　罗汉松　　　　马蔺　　　　大叶女贞球　　　早熟禾

狼尾草　　　荷花　　　造型金叶榆　　　麦冬

> 图2-2-17　武强园植物选择

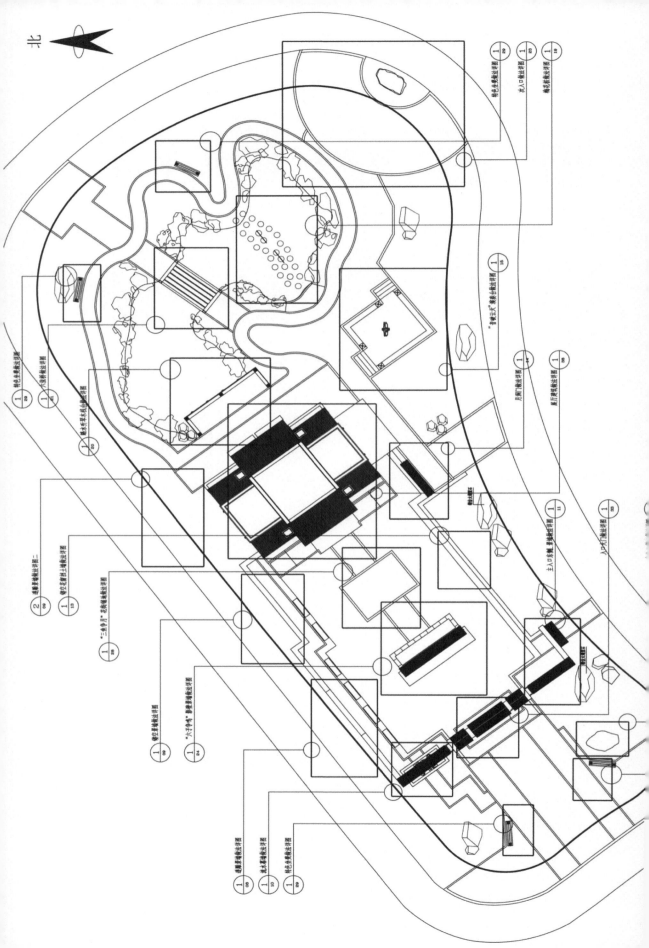

园林景观设计实战
方案　施工图　建造

Chapter 3

第3章　园林景观施工图设计

近年来，随着园林景观行业的不断发展，园林景观施工图设计也朝着更加规范化的方向发展。园林景观施工图设计不再是简单地画出可行性施工图（结构、材料、水电、植物图样），而是有了更高、更深层次的要求。学习园林景观施工图的绘制，首先要了解施工图的概念及作用，做好绘制施工图前的相关准备工作，并准确梳理施工图的具体内容。

3.1 园林景观施工图介绍

3.1.1 园林景观施工图的概念及作用

（1）园林景观施工图的概念

园林景观施工图是用于指导相关工程项目施工的技术性图样，其涵盖该工程项目范围内总体设计及各分项工程设计、施工物料和详细施工做法、施工要求设计说明等内容。所有内容必须按照相应制图规范准确、详细地表示出来。

施工图设计是方案扩初设计后的再次设计，是将设计师头脑中的想象景物转化为物质景物的关键步骤。具体而言，施工图是根据实际施工的质量、成本、材料、安全性、细节效果等综合因素，对方案进行深化完善。

（2）园林景观施工图的作用

施工图是设计的最终结果，也是工程建设的依据和蓝图，其具体作用如下。

① 指导工人按图施工，作为施工技术性文件指导设计成果落于实地。

② 作为编制工程预算的依据。

③ 根据图纸开展工程施工和制作安装。

④ 作为工程材料选购与订制加工的指导文件。

⑤ 根据图纸进行工程验收与结算。

3.1.2 绘制施工图前的准备

设计施工图之前，设计人员需要对工程地点进行进一步的实地勘察。设计项目负责人、总设计师，以及土方工程、水、电等各专业的设计人员均需参加，对各方面的情况进行具体、细致的勘察，为工程预算及制图提供最准确的数据。如基地情况发生变化，应及时向设计项目总负责人反映。具体而言，施工图设计前需要做好以下工作。

① 收集整理与项目相关的设计方案文件，包括概念方案、深化方案等。

② 收集甲方提供的原始资料，包括方案汇报记录及甲方意见等。

③ 收集场地竖向图（用于整场地形竖向的设计分析与掌握）。

④ 收集综合管网图（市政给排水及电气）。

⑤ 明确规划用地红线。

⑥ 准备建筑物、构筑物等的效果图和施工图等。

⑦ 同设计师沟通，了解设计师的设计意图。

3.1.3　园林景观施工图的内容

施工图设计要求在方案、扩初的基础上进行成品化的设计和转变，这时，无论是在形式或是在构造、尺寸、材料、颜色、方位上都要求精益求精，力求将最完备无误的图形展示出来，毫不马虎，并将各种材质、构造、做法等，一一清楚而准确地表达出来。每一份施工图都应该包括以下具体内容。

（1）封面

包括项目名称、建设单位名称、设计公司名称、时间等内容。

（2）图纸目录

通常采用表格的形式，详细记录施工图图册的图纸编号和对应内容，例如，JS 为景观施工图；图纸目录为 JS-00，下一页为 JS-01 园建设计说明，依次类推。

（3）园建设计说明

① 说明项目建设单位、设计单位、场地位置、建设用地指标等。

② 注明图纸设计依据及参照的规范。

③ 对全套景观施工进行必要的说明。

④ 说明工程中通用做法、特殊做法等需要注意的事项。

⑤ 说明与苗木种植相关的注意事项。

⑥ 说明其他注意事项。

（4）施工图总图

施工总图一般包括以下内容。

① 总平面图。

② 总平面索引图。

③ 总平面网格放线图。

④ 总平面尺寸图。

⑤ 总平面竖向设计图。

⑥ 总平面铺装图。

⑦ 绿化种植总平面图。

⑧ 电气设计总平面图。

⑨ 给排水总平面图。

（5）具体工程施工图

具体工程施工图根据工程类型不同会有所差异，但一般包括以下几个主要类型的工程详图。

① 土方工程。

② 道路工程。

③ 建筑小品工程。

④ 水景工程。

⑤ 植物种植工程。

⑥ 给排水工程。

⑦ 电气工程等。

3.2　园林景观施工图制图规范

虽然园林景观工程项目多种多样，不同类型之间差异明显，但不同工程项目的施工图绘制规范大致相同。

（1）常用图纸的幅面

在绘制施工图时，图样大小应符合表3-2-1所规定的图纸幅面尺寸。

总图一般可采用A0～A2图幅，通常根据图纸内容的需要，统一项目的同套图纸规格统一；其他详图部分的图纸一般采用A2图幅，最后装订成册，可根据图纸量进行分册装订。其中，采用A0、A1图幅的总平面图如需加长，可将长边按1/8、1/4、1/2的模数加长；采用A2图幅的封面、说明、目录以及详图部分，根据特殊情况也可按上述模数进行加长。

表3-2-1　幅面及图框尺寸

尺寸代号	幅面代号				
	A0	A1	A2	A3	A4
B×L	841×1189	594×841	420×594	297×420	210×297
C	10			5	
A	25				

注：表格中尺寸单位为毫米（mm），B：宽度；L：长度；C：除装订的一边外，剩下三边的幅面线与图框线的间距尺寸；A：装订一边的幅面线与图框线的间距尺寸。

（2）图框规格

图纸幅面一般分为横式幅面和立式幅面两种。横式幅面是指以长边做水平边的幅面形式，立式幅面是指以短边做水平边的幅面形式。一般图纸都采用横式幅面，特殊情况也可采用立式幅面。

（3）标题栏与会签栏

图纸的标题栏与会签栏的尺寸、格式、内容没有统一的规定，通常在图纸的右侧或下侧，一般包括以下内容：建设单位、工程名称、图纸编号、图纸名称、设计单位、项目负责人、设计总监、设计人、校对、图纸比例、图纸编号、日期、出图章等。

（4）图纸常用比例

在绘制施工图过程当中，可根据图纸内容不同，选用相应的常用比例，详见表3-2-2。如遇特殊情况，可根据实际情况选取整数比例。比例一般标于图名右侧，字较图名小1～2号。

表3-2-2 图纸内容及常用比例

图纸内容	常用比例	可选用比例
总平面图	1：200、1：500、1：1000	1：300、1：2000
放线图、竖向图	1：200、1：500、1：1000	1：300
植物种植图	1：50、1：100、1：200、1：500	1：300
道路铺装及部分详图索引平面图	1：100、1：200	1：500
园林设备、电气平面图	1：500、1：1000	1：300
道路绿化断面图及标准段立面图	1：50、1：100	1：200
建筑、构筑物、山石、园林小品等、立、剖面图	1：50、1：100、1：200	1：30
详图	1：5、1：10、1：20	1：30

3.3 园林景观施工图总图设计

园林景观施工图的总图设计是在项目方案扩初设计图纸的基础上进行的进一步深化设计。首先要与方案设计师进行对接，理解设计意图，掌握方案设计过程的全部资料，以及翔实的细节要求，在绘图的过程中如有任何疑问要及时与方案设计师进行沟通，避免理解偏差而造成不必要的麻烦。这个阶段的施工图要求与现状实际情况密切结合，不能有半点差错，各总图之间要相互统一，不能自相矛盾，总图与分项工程详图之间要准确衔接。

园林景观施工图总图主要包括总平面图、总平面索引图、总平面网格放线图、总平面尺寸图、总平面竖向设计图、总平面铺装图、绿化种植总平面图、电气设计总平面图、给排水设计总平面图。下面详细介绍各总图的概念、内容、制图规范及要求等，并以武强园施工图总图为例进行附图对照。

3.3.1 总平面图

（1）总平面图的定义

施工图总平面图反映了项目设计场地范围内的全部内容，是从空中向下所能看到的设计范围内所有地形地势、建筑以及构筑物、景观小品、水域、植被等的全部内容的平面投影图（图3-3-1）。

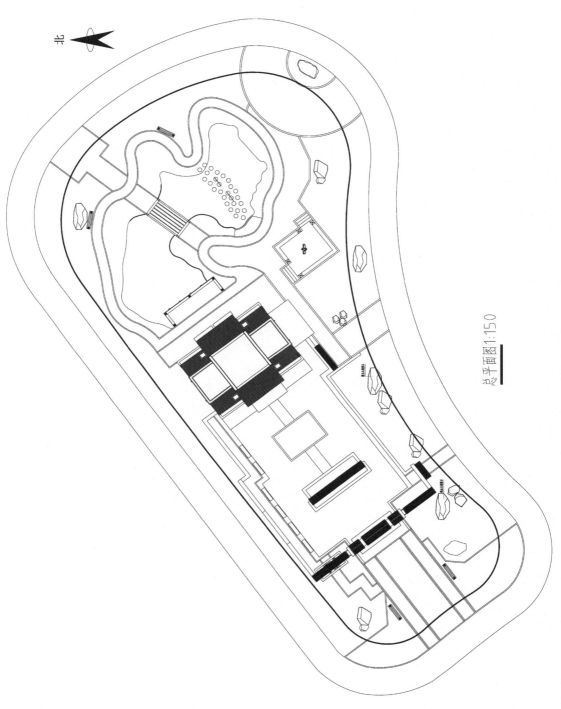

北

总平面图1:150

> 图3-3-1 武强园总平面图1：150

（2）总平面图设计的内容

① 设计场地范围内的现状需要保留的建筑物、构筑物、大树、设施等。

② 设计场地范围内新设计的建筑物、构筑物等。

③ 设计场地范围内新设计的地形、地势等。

④ 设计场地范围内新设计的道路、游园路等。

⑤ 设计场地范围内新设计的硬质广场等。

⑥ 设计场地范围内新设计的水系、驳岸、桥梁等。

⑦ 设计场地范围内新设计的绿地、苗木等。

需要说明的是，若总平面图作为参照底图使用，其中植物苗木可不显示。

（3）绘图注意事项

① 总平面图的绘制首先要注意避免内容疏漏，因总平面图要准确地反映本项目的全部内容和范围，务必要做到面面俱到，避免疏漏，如图名、指北针、比例尺等也要注明。

② 建筑、构筑物、园林小品要在平面图上标注其名称或编号。

③ 主干道、园路等道路的道路中线要用虚线标出。

④ 地形用虚线表示出来。

⑤ 台阶的上下方向要用箭头表示出来，并标出台阶的步数。

⑥ 每个景观节点都需要明确标注，如果有多个相同节点，需要注明编号，如花架1、花架2。

⑦ 路沿石及道路收边要用双线标示，两条线一条粗一条细。

⑧ 水岸线、驳岸位置要明确标示。

3.3.2 总平面索引图

（1）总平面索引图的定义

总平面索引图是对总平面图中的建筑物或构筑物、景观小品、水体、道路铺装等细部的详细做法进行指引，以便进行下一步深化设计（图3-3-2）。

（2）技术要求原则

① 在总平面索引图上各级道路和用地红线需明确表示出来。

② 如标准图幅长度不够，可以考虑加长版，使图纸全部显示，但打印输出时较麻烦。

③ 如设计用地范围较大，需进行索引分区，一般分区后的图纸比例不超过1：300。

④ 索引分区要清晰明确、完整，避免重复，可以用道路或景观功能组团分区的方式进行分区。

⑤ 所有引出索引要标注总图图号、名称，明确其所在用地范围内的详细位置。

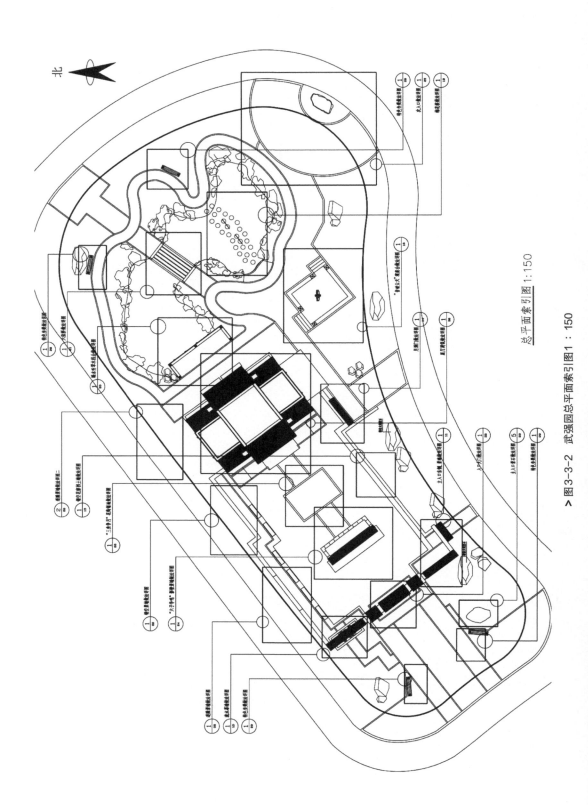

北

总平面索引图 1：150

> 图3-3-2 武强园总平面索引图1：150

（3）索引标志的绘制

① 被索引的区域分别用矩形或多边形图形线框绘制，线型为粗实线。

② 索引图、定位轴线的圆用粗实线，引出线应对准圆心，圆内横线用细实线绘制。

③ 当同时索引几个相同部分时，各引出线应保持平行。

④ 当多个部位的引出做法相同，引出线可交汇于一条引出索引标注。

（4）绘图注意事项

① 索引图要准确规范，以便施工人员的查阅，并能够找到相应的节点详图。

② 索引图要索引明确，避免遗漏或重复。

③ 索引图务必要详细标示清楚具有相同属性的节点，以示区分。

④ 总平面图的底图需要明确标示清楚地势地形、水体、绿地和铺装线等。

⑤ 索引符号的引出线不得出现交叉，均需要拉出平面图外整齐表达。

⑥ 局部放大图与大节点的符号索引不能重复，要有所区别。

⑦ 索引图要覆盖用地范围内需要细化表达的全部内容。

⑧ 如工程项目内容简单，可在一张总平面图上直接索引；如工程项目复杂，可根据实际情况，画出分幅线，并进行分幅索引。

3.3.3　总平面网格放线图

（1）总平面网格放线图定义

总平面网格放线图又称平面放线定位图，或平面放线尺寸图。其作用是通过坐标定位点和网格尺寸定位，将图纸与实际施工场地对应起来（图3-3-3）。

（2）绘制定位坐标

① 首先在整个项目用地范围内选定一个相对比较固定且无障碍的点，作为放样依据的平面控制点，在图纸上明确标示处其准确的绝对坐标值。

② 明确标出各建、构筑物角点，道路中心，场地圆心及特殊点的坐标。

③ 如有弧线图形，需标注出该弧的起始点和中间任意一点。

④ 必须标注场地拐角处的点的坐标。

⑤ 局部设计的较难定位的点，需网格结合坐标辅助标示。

（3）绘制网格线

① 依据所选定的原点标出X、Y轴的位置。

② 网格放线图的网格单位通常为m。

③ 拟定合适的网格尺寸，以能清楚表示各个关键点为绘图标准，可进行大、小网格的划分，一般大网格多为10m、20m，小网格尺寸多为0.5m、1m、2m、5m，也可根据场地的实际情况自行确定。

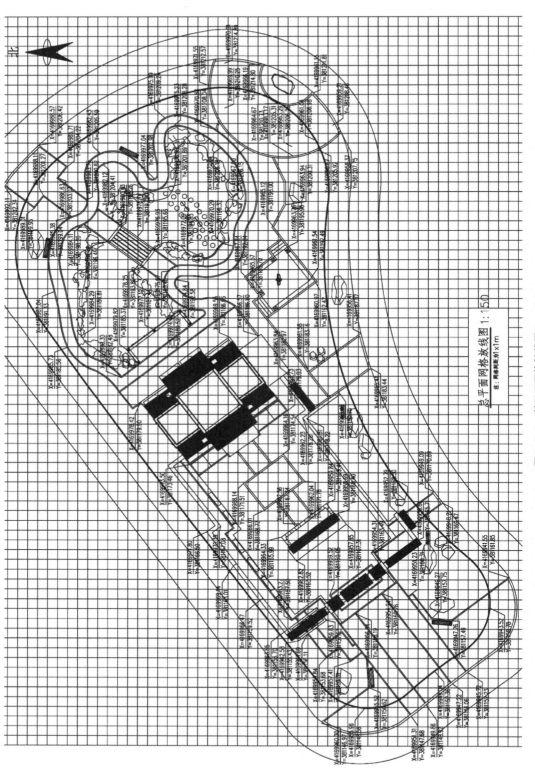

总平面网格放线图 1:150

注：网格间距1×1m

> 图3-3-3 总平面网格放线图 1：150

④ 以坐标定位点为基准点，沿着X轴和Y轴方向分别绘制定位网格线。

⑤ 土建、建筑、绿化等的网格必须一致。

⑥ 如有不规则图形平面图无法用尺寸定位的，需用网格定位平面图准确定位，以便放样。

⑦ 如总平放样图无法精细放样，就需绘制局部网格放线图，其字体、线的样式要保持一致。

⑧ 局部网格放线图与总平面网格放线图同样要有相对基准点。

（4）标示注解说明

① 以基准点作为原点，沿着每条网格线的X轴和Y轴方向，在左侧和下侧标注网格大小及单位。

② 图名正下方需标注"网格间距为***"。

（5）绘图注意事项

① 放线图的基准点要综合分析，全局考虑，选取最便捷、易参照的点作为基准点，以便施工人员现场放线定位。

② 网格定位的原点坐标要提前检查，确保准确。

③ 网格定位的原点坐标要做加粗处理以示区分。

④ 注意相对坐标和绝对坐标的区别。

⑤ 标注内容要认真分析筛选，标注数量能多勿少，关键点和线的定位坐标必须明确标示。

⑥ 小场地网格放线图也必须要有相对基准点。

3.3.4 总平面尺寸图

（1）总平面尺寸图定义

总平面尺寸图是指在总平面图上进行各细节的尺寸的标注，该图主要显示设计内容的尺寸关系，便于施工工程的放线与查看（图3-3-4）。

施工图标注尺寸包含以下几个要素。

① 尺寸界线：用来限定所注尺寸的范围。从被标注的对象延伸到尺寸线。起点自注点要偏移一个距离。用细实线绘制，一般超出尺寸线终端2～3mm。

② 尺寸线（含有箭头）：尺寸线两端的起止符表示尺寸的起点和终点，由两端点引出的尺寸界限之间的标注线段共同构成了尺寸线。用细实线绘制。通常与所注线段平行。

③ 尺寸文字：表示实际测量值。系统自动计算出测量值，并附加公差、前缀和后缀等。可自定义文字或编辑文字。

④ 起止符：表示测量的起始和结束位置。

（2）标注基本原则

① 尺寸图的尺寸标注要尽量详细，标注内容要准确，长度、宽度、角度、弧度、半径等

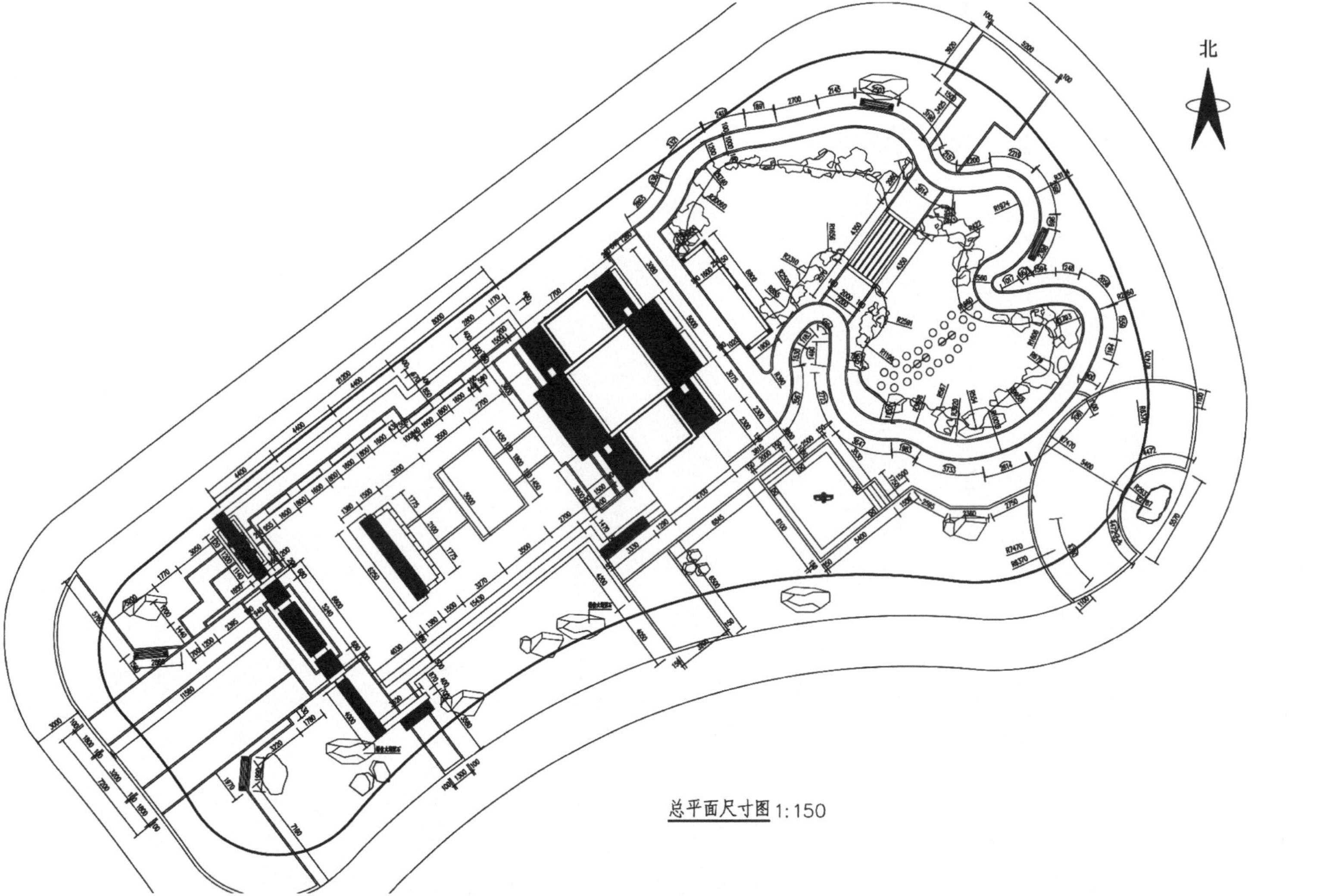

北

总平面尺寸图 1:150

> 图3-3-4 总平面尺寸图1：150

都要标注清楚。

② 要善于利用已知点来找寻、确定未知点。

③ 所有标注符号要避免重叠和遮挡。

④ 若所施工图绘图纸以mm为单位，可不用标注单位；若采用其他单位，则必须要注明所用单位。

⑤ 图中标注尺寸为施工完成后的最终尺寸，若施工过程中发生变化，应加以说明。

⑥ 为了使施工图更加简洁清晰，一般每个构筑物的尺寸只标注一次，并且要标注在最能反映该构筑物结构的图形上，图样要在规定幅面内绘制。

（3）总平面尺寸图内容及绘图注意事项

① 标注排水坡度，包括道路中心、广场、绿地的坡度等。

② 尺寸标注必须与所绘施工底图隔开，不能重叠，避免出现打印出来标注看不清的情况。

③ 为了打印后易于区分和辨识，标注的线型一般采用线宽为0的最细的线。

④ 尺寸标注要先确定参照点，一般为建筑的角点或者项目中一个固定的点，并据此标注其他尺寸。

⑤ 尺寸标注要尽可能的简洁，只在重要的点标识出来即可。

⑥ 总平面尺寸图只需要标注整场的大尺度关系，具体到景观节点的尺寸，可索引至详图进行详细标注。

3.3.5　总平面竖向设计图

（1）总平面竖向设计图定义

总平面竖向设计图又叫作总平面标高图，是体现整个项目场地的高程变化的图纸。要注意相对标高和绝对标高的转化和运用（图3-3-5）。

相对标高：施工图的标高标注一般是把建筑首层地坪完成面的高度定为相对标高的零点。

绝对标高：我国把黄海平均海平面定为绝对标高的零点基准。绝对标高指的就是我国任何一地点相对于这一基准点的高差。该标准仅适用于中国境内。

（2）竖向设计图内容

通常情况下标高竖向图应标注以下具体内容：项目场地的标高，建筑室内以及室外地坪标高，道路的坡度、坡长、坡向，景观节点标高，景观建构筑物的相对标高与绝对标高。

（3）技术要求原则

① 总平面标高图中，标高一般都是完成面标高。

② 标高控制点从建筑室内首层向外推，坡度在规范范围内即可。

③ 道路标高一般要标注转弯点、变坡点、交叉点等的标高，另外还要标注坡度、坡向坡长以及道路中心线。

④ 场地（硬地）标高需标注标控制点标高和坡向。如某广场可标注最高标高和最低标高

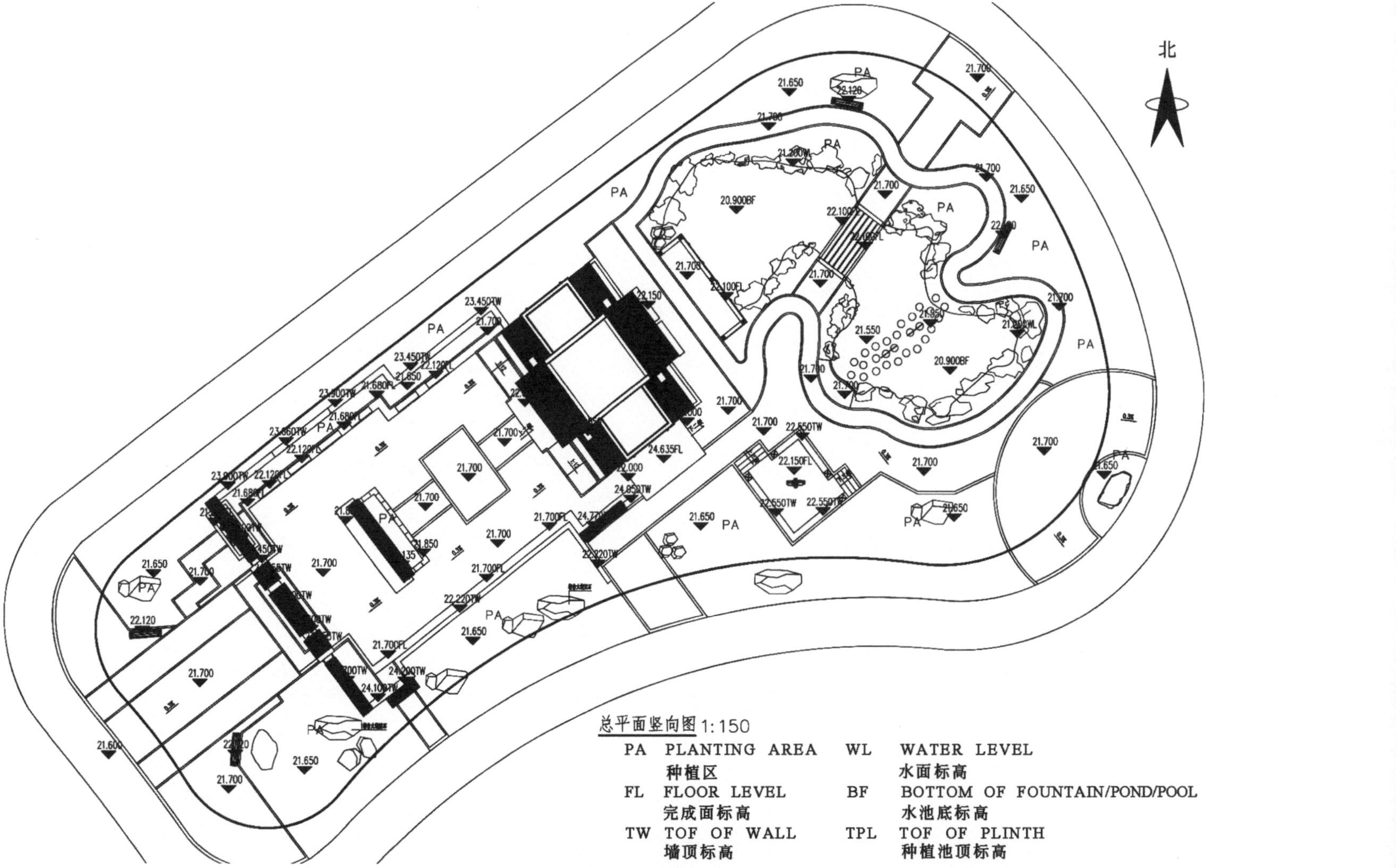

北

总平面竖向图 1:150

PA PLANTING AREA   WL WATER LEVEL
种植区   水面标高

FL FLOOR LEVEL   BF BOTTOM OF FOUNTAIN/POND/POOL
完成面标高   水池底标高

TW TOF OF WALL   TPL TOF OF PLINTH
墙顶标高   种植池顶标高

> 图 3-3-5 总平面竖向设计图 1：150

046
/
047

标，再加坡向即可。

⑤ 水体标高需要区分常水位标高和池底标高，在同一标高点上标注。

⑥ 绿地标高需标注绿地、场地标控制点标高；如坡地放坡有变化，则需标注坡向、最陡坡度和最缓坡度；微地形场地要加等高线，标注文字角度与等高线相平。

⑦ 挡土墙标高仅标角点和控制点标高。

⑧ 需标注雨水口和地漏位置；排水沟需用双虚线图例表示。

（4）绘制竖向设计图的注意事项

① 注意不同高度之间的衔接构造（如无障碍坡道、台阶等）。

② 用文字标注说清楚采用的是相对标高还是绝对标高。

③ 在图中的圆点、中心、角点以及交叉带点都需要标出坐标。

④ 弧线位置需要明确标出弧线起点、中间任意一点、终点的坐标，以便放样。

⑤ 广场、园路、水系、园林小品等拐角处必须标注坐标。

⑥ 建筑、绿化、给排水、电所用到的坐标体系必须与土建完全相同。

3.3.6 总平面铺装图

（1）总平面铺装图定义

总平面铺装图指的是在整个用地范围内将所有硬质场地的铺装材料，分别绘制填充图案纹样，并进行相应的尺寸规格标注（图3-3-6）。

（2）技术要求原则

① 图纸要求体现出定位平面以及铺装的具体材料。

② 图纸上所有铺装材料尺寸要与实际大小一致。

③ 有铺装详图的局部节点无需在总图上标注用材，避免产生冲突。

④ 铺装若出现规格相同但面层或材质不同的，需用点状填充进行区分。

⑤ 一种铺装材料重复出现的情况下（如道路分隔条），为使图纸更简洁，可绘制通用铺装详图进行索引。

⑥ 铺装详图单位为mm，铺装及分割条材料均要标出，标注要更加详细。

⑦ 铺装尺寸应结合铺装材料的规格设计，碎砖控制在1/3 ～ 1/2为宜。

⑧ 曲线形铺装要对材料进行弧形切割；直线形铺装要求材料缝隙对应整齐，宽度一致；特殊位置如有必要需对材料进行有规律的编号拼合。

⑨ 碎拼铺装若想有更好的观赏效果，一般要进行有规律的切割，再整合拼接。注意切割石材时一定要避免出现"阴角"。

（3）绘图注意事项

① 绘制引出标注注意时不要重叠，以免辨识不清。

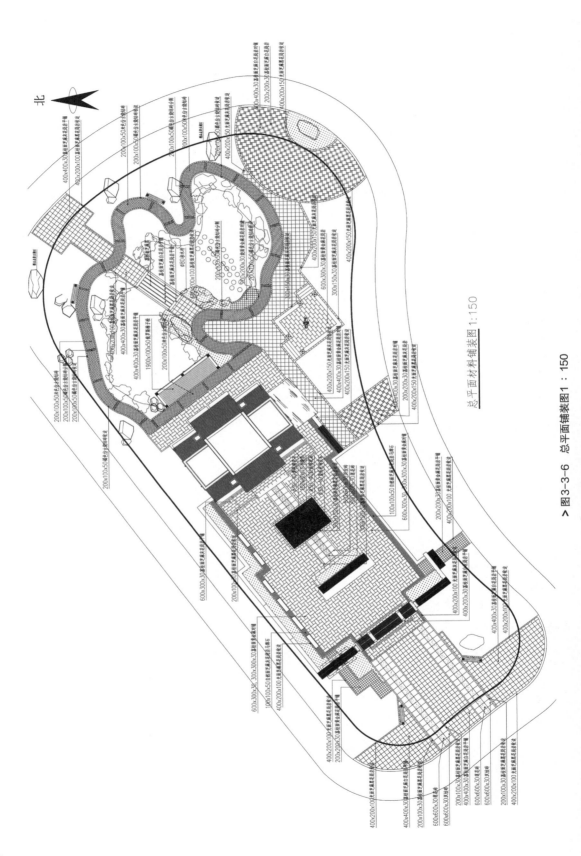

北

总平面材料铺装图 1:150

> 图3-3-6 总平面铺装图 1:150

② 要详细标注各材料的长、宽、高，以及材质颜色和名称。

③ 在CAD里填充的铺装样式要和现场施工做法、规格、面材形式、铺装角度相一致。

④ 园内的铺装应有详细的规格、角度以及表面和铺装的放样，这样便于购买材料和准确施工。

⑤ 在铺装图上需详细标出排水方向以及坡度。

⑥ 道路铺装需要每个5m设置一个沉降缝，可使用其他材料包缝边。

⑦ 不同铺装材料之间要有分隔条，且分隔条材料要选用不同于铺装材料的深色材料。

3.3.7　绿化种植总平面图

（1）绿化种植总平面图定义

绿化种植总平面图是体现用地范围内植物种植方案的专业图纸，绘制时要采用不同的植物图例表示相应的植物种类，并标注其规格、数量和种类（图3-3-7～图3-3-9）。

（2）植物设计原则

① 根据不同的场地性质及功能要求，要采取不同的配置手法，营造风格各异、风景优美的园林景观。

② 根据不同植物的生长习性以及形态特征，合理搭配乔、灌、藤本、竹类、棕榈、花卉、草皮、地被等各种植物，并根据园林布局的要求使植物组团更具观赏性。

③ 植物配置的一般标准为"先高后低，先内后外"。

④ 植物配置采用的层次标准是"点景大乔木、名贵树种—中等大乔木—其他小乔木—大灌木、球形植物—小灌木及地被灌木—时令花卉—草坪"。

⑤ 植物配置分为两个方面，一是植物要和水体、山石、建筑、园路等其他园林要素相互配置；二是植物种类、树丛组合、平立面布置和颜色搭配等要素，要体现园林意境和季节交替。

⑥ 要注重植物空间的营造，植物围合方式营造的植物空间有开敞空间、半开敞空间、垂直空间和封闭空间等。

⑦ 要注重不同叶色、花色，不同高度的植物搭配，以使色彩和层次更丰富。

（3）绘图注意事项

① 总平面图要体现全部植物种类及准确位置。

② 一般为了方便辨识，可分别绘制乔灌木种植总平面图和地被种植总平面图。

③ 乔灌木的图例样式和冠幅要能真实反映具体植物的种类特征和冠幅尺度。

④ 乔灌木种植总平面图要通过引线标注各类乔灌木的名称和数量。

⑤ 地被种植总平面图要通过引线标注各类地被植物的名称、数量和种植范围。

⑥ 如有必要需加注释进行特殊说明。

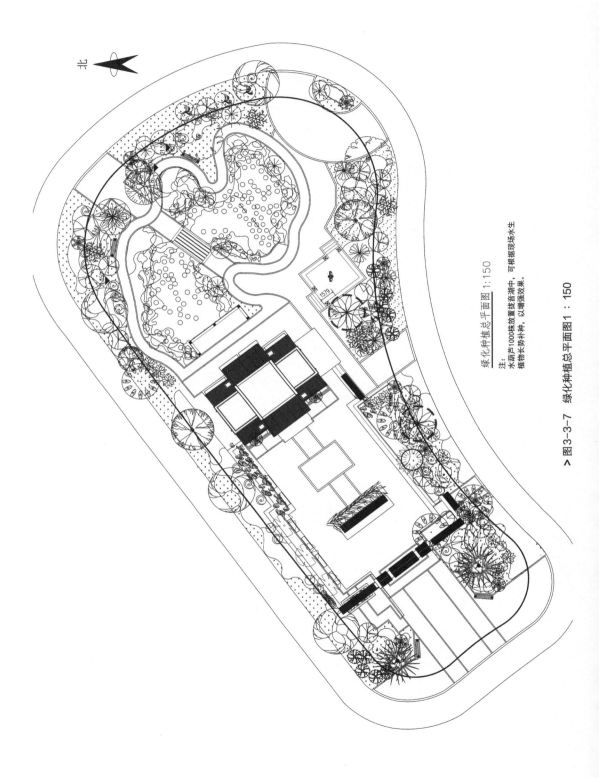

北

绿化种植总平面图 1:150

注：
水葫芦1000株放置拔音湖中，可根据现场水生
植物长势势补种，以增强效果。

> 图3-3-7 绿化种植总平面图1：150

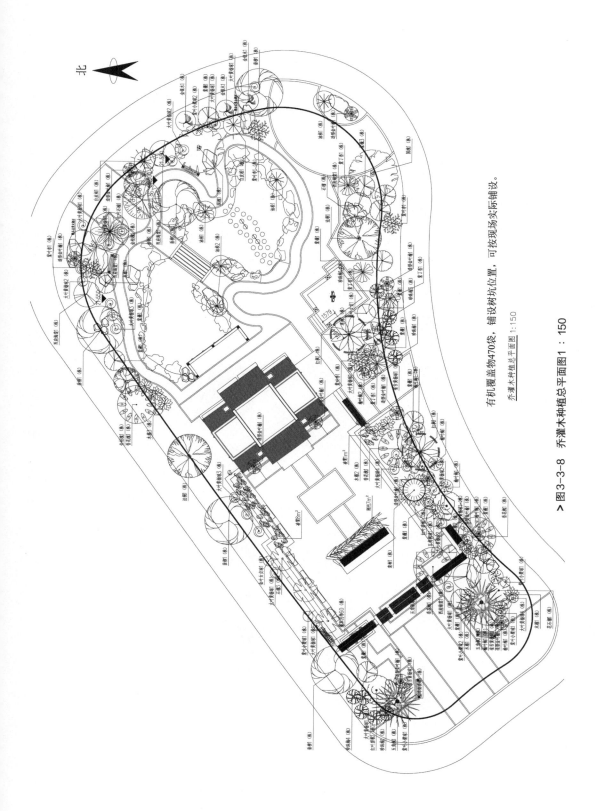

北

有机覆盖物470袋，铺设树坑位置，可按现场实际铺设。

乔灌木种植总平面图 1:150

> 图3-3-8 乔灌木种植总平面图1：150

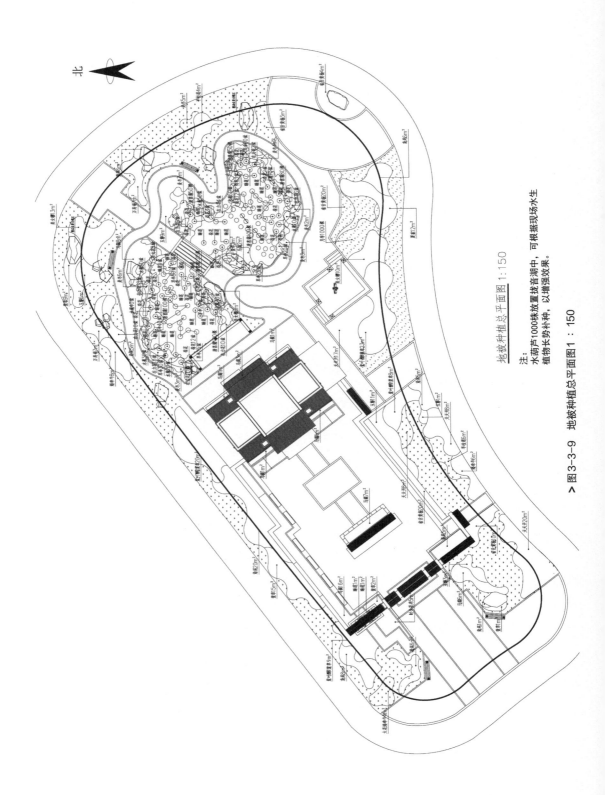

北

地被种植总平面图 1:150

注：
水葒芦1000株放置玻查湖中，可根据现场水生
植物长势补种，以增强强效果。

> 图3-3-9 地被种植总平面图1：150

3.3.8 电气设计总平面图

（1）设计内容

电气设计总平面图主要包括景观照明总平面图（图3-3-10）、音响平面分布图（图3-3-11）、监控总平面图（图3-3-12）等。

（2）设计依据

① 甲方提供的相关图纸及要求。

② 国家现行的有关规程、规范。

③ 其他有关设计、施工规范（本施工说明未详之处以电气规范为准）。

（3）照明系统平面图及注意事项

① 景观照明安装庭院灯、草坪灯、壁灯、埋地灯、水底灯等，灯具主要起道路照明及辅助装饰照明作用。

② 所有室外照明灯具全部为防水型。

③ LED水底灯变压器应就近设置在相应控制灯具附近。

④ 水景水泵全部为手动启动式。

⑤ 绘制照明平面图要标注灯具型号、容量、安装方式、标高、连接线路，并标注回路编号、导线根数。

⑥ 确定应急照明电源型式。

⑦ 说明照明线路的选择及敷设方式。

（4）弱电系统平面图及注意事项

① 绘制音响、监控等弱电系统原理图，系统图表达不清楚的地方需要加以文字说明，如系统参数指标、线路选择及穿管管径、设计要求等。

② 绘制竖向系统图，标注各配电箱编号、对象名称、安装容量标出各回路编号。

③ 绘制动力及照明配电系统图时，系统图表达不清楚的地方需要加以文字说明。

④ 绘制配电平面图时，要包括线路敷设路由、各回路编号、配电箱位置。

⑤ 绘制弱电平面图时，应表达出各弱电系统布点位置、各系统线路布置。

3.3.9 给排水设计总平面图

（1）设计内容

给排水设计总平面图主要包括给水总平面图（图3-3-13 ～图3-3-15）、排水总平面图等。

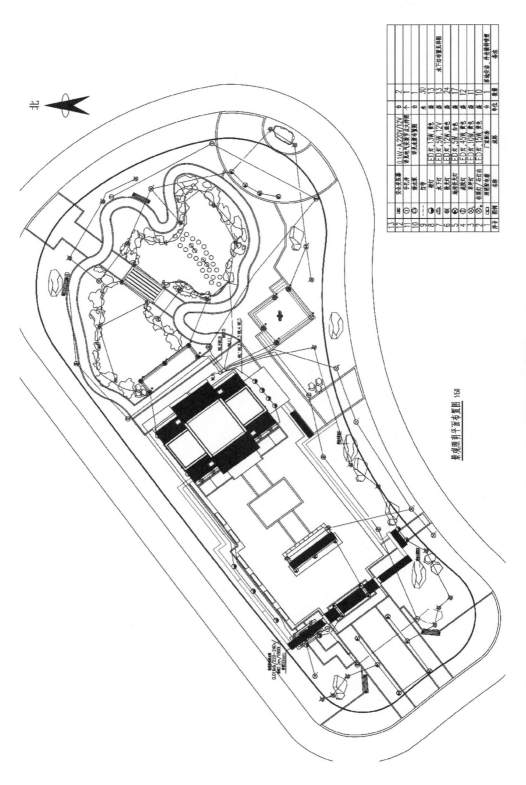

北

景观照明平面布置图 1:150

序号	图例	名称	规格	单位	数量	备注
13	□	安全变压器	0.1kW·A220V/12V	台	2	
12	⊙	手孔井	详见电气系统平及大样图	个	1	
11	⊖	潜水泵	详见水泵专业图	台	1	
10	─‖─	灯带		米	30	水下灯带见详图
9	□	草坪灯	LED灯 13W 暖色	套	13	
8	⊕	水下灯	LED灯 5W 12V	套	13	
7	⊚	庭院灯	LED灯 12W 黑色	套	24	
6	⊗	地埋太阳灯	LED灯 5W 白色	套	17	
5	⊠	感应灯	LED灯 45W 黄色	套	12	
4	⊗	景观灯	LED灯 10W 黄色	套	11	
3	⊗	柱廊灯(左右向)	LED灯 15W 黄色	套	11	
2		照明配电箱		台	1	壁挂安装 外壳镀锌喷塑
1		厂家配套		套		

> 图3-3-10 景观照明平面布置图

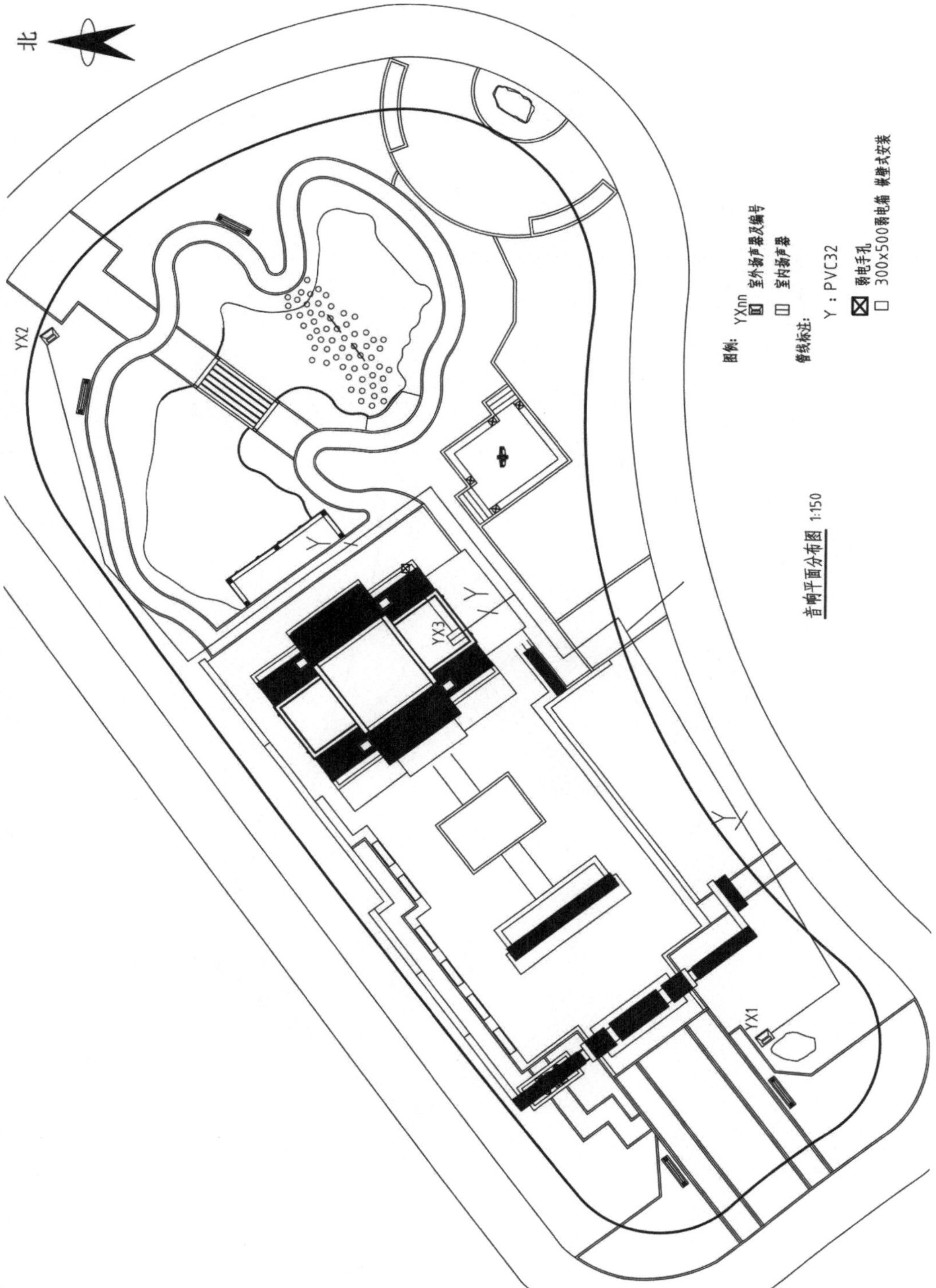

北

图例：YXnn 室外扬声器及其编号
☒ 室内扬声器

管线标注：Y：PVC32
☒ 弱电手孔
□ 300x500弱电箱 嵌墙式安装

音响平面分布图 1:150

YX2

YX3

YX1

> 图3-3-11 音响平面分布图1：150

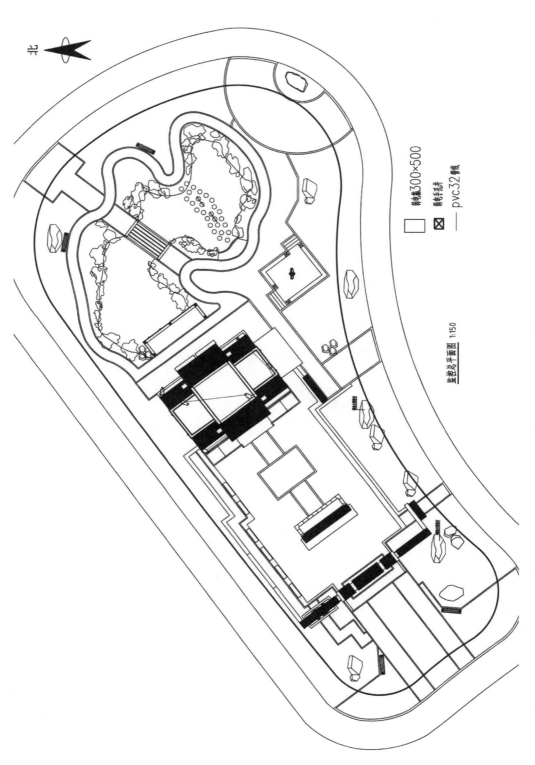

北

弱电线300×500
弱电手孔井
pvc32管线

监控总平面图 1:150

> 图3-3-12 监控总平面图1：150

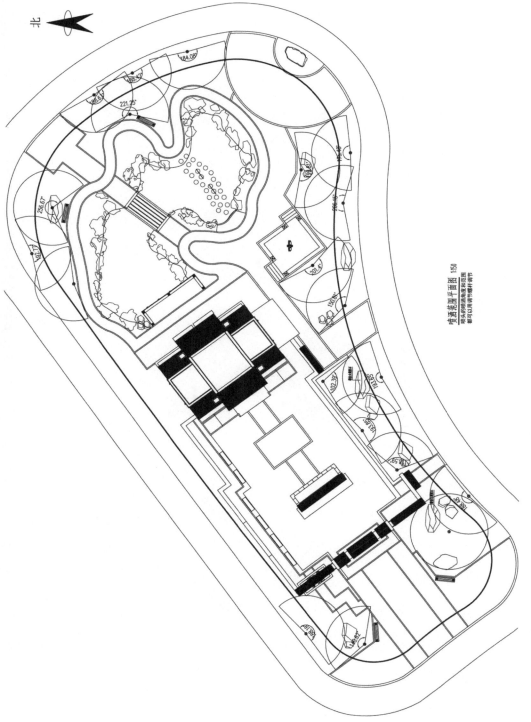

喷灌范围平面图 1:150
喷头的喷洒角度和范围
都可以用调节螺杆整体调节

> 图3-3-13 喷洒范围平面图 1：150

北

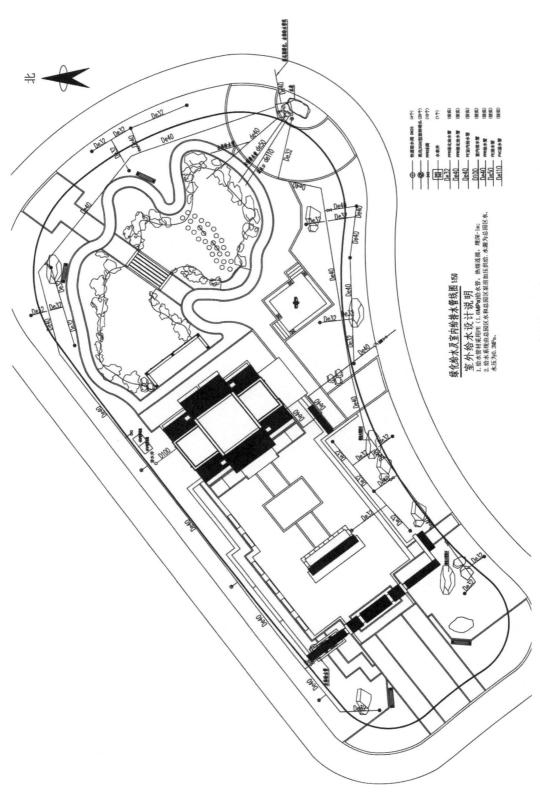

北

室外给水设计说明

1. 给水管材采用PE（1.6MPa）给水管、热熔连接，埋深~1m；
2. 给水系统由总园区水和总园区泵房加压至园区用水，水源为总园区水，水压为0.3MPa。

绿化给水及室内给水排水管线图1:150

快速取水阀 DN25   (4个)
雨戊350型塑料喷头（自动） (20个)
PPR供水管   (1个)
水表井
PPR给水管   (配套)
PPR微型给水管   (配套)
PVC室内排水管   (配套)
DN100 室外供水管   (配套)
DN100 室外排水管   (配套)
DN50 阀水管   (配套)
DN110 PVC室外排水管   (配套)

> 图3-3-14 绿化给水及室内给水排水管线图1：150

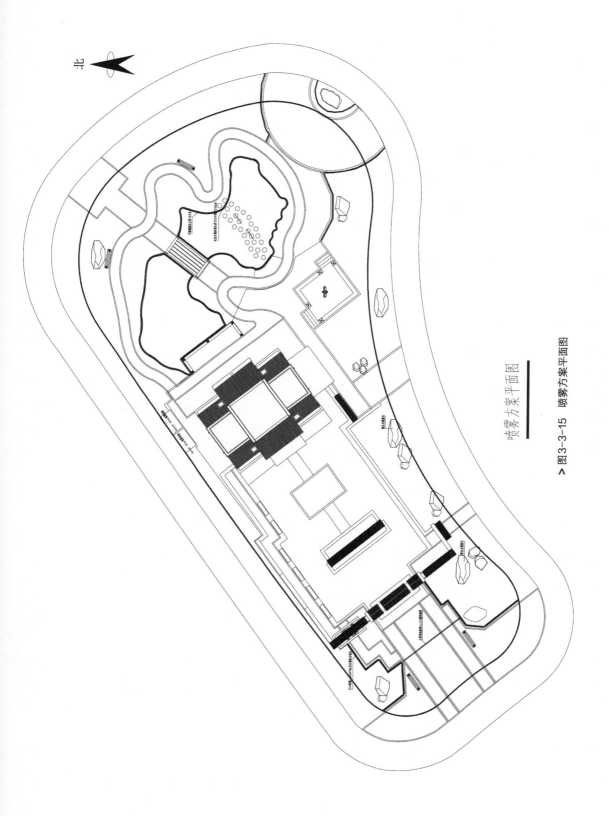

北

喷雾方案平面图

> 图3-3-15 喷雾方案平面图

（2）制图依据

① 设计合同书。

② 甲方确认的园林景观方案设计图。

③ 设计人员现场勘察、测量及相关记录。

④ 本项目周边园区给排水设计图纸。

⑤ 甲方认可的本项目周边园区给排水设计理念。

⑥ 国家及本地区现行的有关规范、规程、规定。

（3）园林给水平面图及注意事项

① 绿化浇灌给水设计可以采用人工浇灌和喷洒浇灌两种形式。

② 取水点间距设置为5～10m，其位置距绿化带边0.5～0.8m，遇排水管或遇大管上弯敷设。

③ 若给水管道敷设在过车道下需穿大二号钢套管保护。

④ 如遇特殊情况，需在图下方注释相应说明。

（4）园林排水平面图及注意事项

① 雨水管埋深大于0.7m、小于1m，坡度一般小于1%。

② 雨水口依据设计而定，通常选用平算式雨水口。

③ 除特别注明外，雨水口与检查井连接管管径为DN200。

④ 雨水口内均安装不锈钢防蚊闸；雨水算子采用高强度复合材料（防盗），颜色同周边铺装材料。

⑤ 绿地上检查井均采用带种植草井盖。

⑥ 绿地、局部硬地地表径流采用≥1%找坡散水的方式，就近排往雨水沟。

⑦ 如遇特殊情况，需在图下方注释相应说明。

3.4 园林景观施工图详图设计

园林景观各分项工程的详图是对施工图总图的详解。在绘制时，首先要索引定位准确，能让施工人员准确定位；其次，要注意剖切符号和索引编号的运用，做到条理清晰，避免错漏。

园林景观施工图的各个节点详图灵活多样、各不相同，下面以武强园工程为例，对包括道路工程、景观建筑物及构筑物工程、景观小品工程、水景工程、给排水工程、电气工程等在内的各节点详图进行——展示。

3.4.1 道路工程做法详图

这里以武强园园路铺装详图为例进行展示（图3-4-1～图3-4-14）。

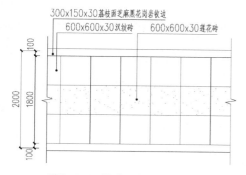

> 图3-4-1 园路一平面图1：30

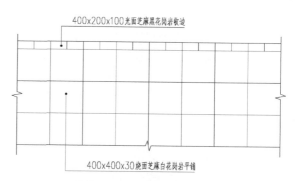

> 图3-4-2 园路二平面图1：30

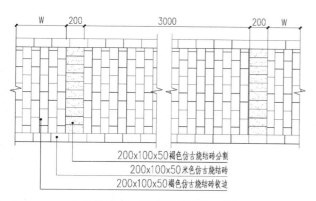

> 图3-4-3 园路三平面图1：30

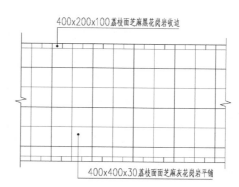

> 图3-4-4 园路五平面图1：30

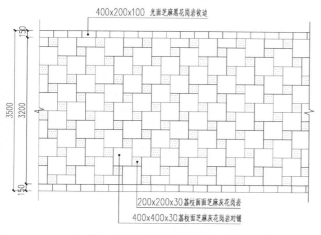

> 图3-4-5 园路四平面图1：30

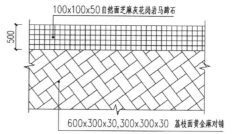

> 图3-4-6 园路六平面图1：30

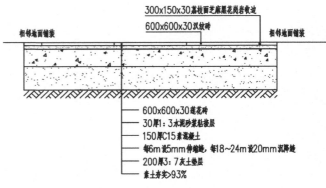

300x150x30荔枝面芝麻黑花岗岩收边
600x600x30汉纹砖
相邻地面铺装　　　　　　　　　　　　　　　相邻地面铺装

600x600x30莲花砖
30厚1：3水泥砂浆粘接层
150厚C15素混凝土
每6m设5mm伸缩缝，每18~24m设20mm沉降缝
200厚3：7灰土垫层
素土夯实>93%

> 图3-4-7　园路一剖面图1：30

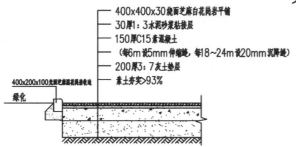

400x400x30烧面芝麻白花岗岩平铺
30厚1：3水泥砂浆粘接层
150厚C15素混凝土
（每6m设5mm伸缩缝，每18~24m设20mm沉降缝）
200厚3：7灰土垫层
素土夯实>93%

400x200x100光面芝麻黑花岗岩收边
绿化

> 图3-4-8　园路二剖面图1：30

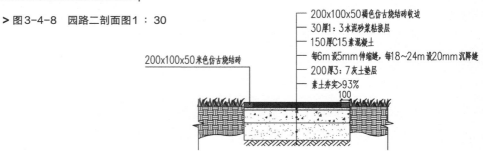

200x100x50褐色仿古烧结砖收边
30厚1：3水泥砂浆粘接层
150厚C15素混凝土
每6m设5mm伸缩缝，每18~24m设20mm沉降缝
200厚3：7灰土垫层
素土夯实>93%
100

200x100x50米色仿古烧结砖

> 图3-4-9　园路三剖面图1：30

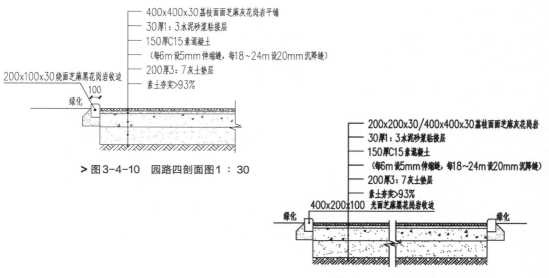

400x400x30荔枝面面芝麻灰花岗岩平铺
30厚1：3水泥砂浆粘接层
150厚C15素混凝土
（每6m设5mm伸缩缝，每18~24m设20mm沉降缝）
200厚3：7灰土垫层
素土夯实>93%

200x100x30烧面芝麻黑花岗岩收边
100
绿化

> 图3-4-10　园路四剖面图1：30

200x200x30/400x400x30荔枝面面芝麻灰花岗岩
30厚1：3水泥砂浆粘接层
150厚C15素混凝土
（每6m设5mm伸缩缝，每18~24m设20mm沉降缝）
200厚3：7灰土垫层
素土夯实>93%
400x200x100　光面芝麻黑花岗岩收边
绿化　　　　　　　　　　　　　　　　　　　　　　绿化

> 图3-4-11　园路五剖面图1：30

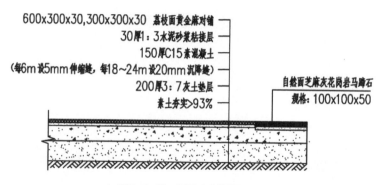

600x300x30,300x300x30 荔枝面黄金麻对错
30厚1：3水泥砂浆粘接层
150厚C15素混凝土
（每6m设5mm伸缩缝，每18~24m设20mm沉降缝）
200厚3：7灰土垫层
素土夯实>93%

自然面芝麻灰花岗岩马蹄石
规格：100x100x50

> 图3-4-12　园路六剖面图1：30

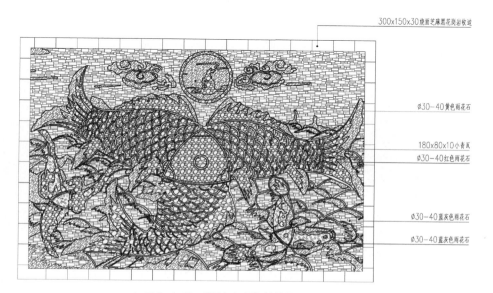

300x150x30烧面芝麻黑花岗岩收边

∅30-40黄色雨花石

180x80x10小青瓦
∅30-40红色雨花石

∅30-40蓝灰色雨花石

∅30-40蓝灰色雨花石

> 图3-4-13　"三鱼争月"铺装平面图1：30

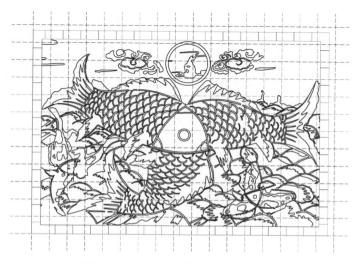

> 图3-4-14　"三鱼争月"网格放线图1：30

3.4.2　景观建筑物、构筑物工程做法详图

（1）景墙工程做法详图

图3-4-15～图3-4-21展示了武强园透雕景墙工程做法详图。

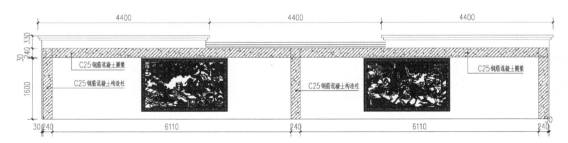

> 图3-4-15　透雕景墙结构布置详图1：50

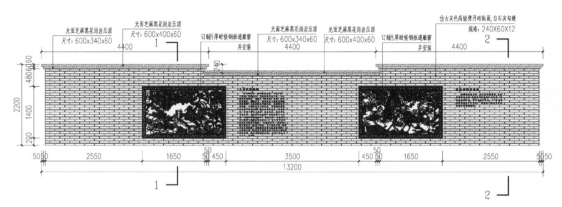

> 图3-4-16　透雕景墙正立面图1：50

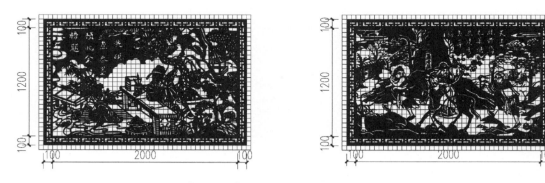

> 图3-4-17　王羲之"墨池洗砚"网格放线图及孟浩然"踏雪寻梅"网格放线图1：30

透雕景墙绘制要点：

① 在绘制景墙结构布置详图时，应精确计算其承重，并以此为依据确定钢筋、水泥的型号等。

② 正立面图的绘制其尺寸应符合总平面图的要求，并将各材料、工艺尺寸标示清晰。相应剖切位置应对应相应的剖切符号。

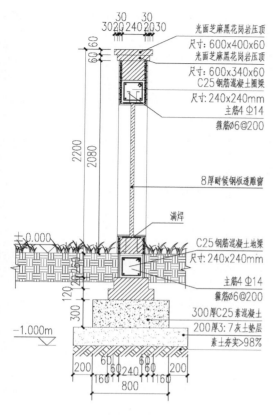

> 图3-4-18 透雕景墙1-1剖面详图1：30

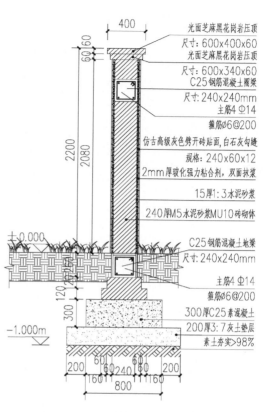

> 图3-4-19 透雕景墙2-2剖面详图1：30

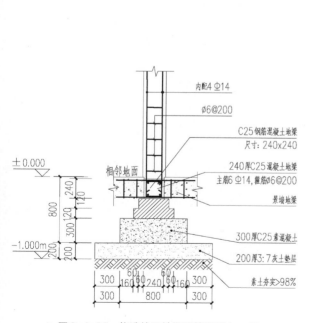

> 图3-4-20 构造柱及地梁配筋详图1：30

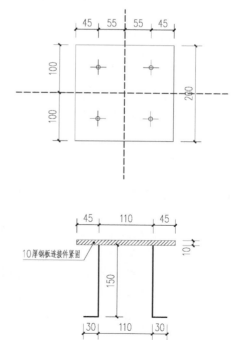

> 图3-4-21 预埋件详图1：5

（2）流水幕墙及水池工程做法详图

见图4-4-22～图4-4-28。

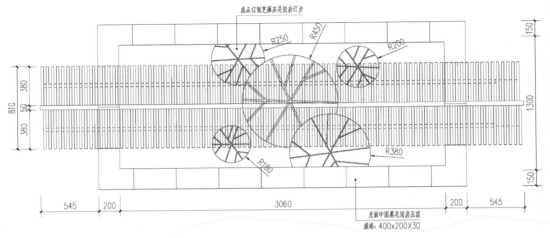

> 图3-4-22　流水幕墙平面图1：30

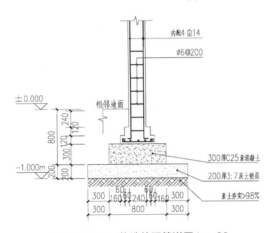

> 图3-4-23　构造柱配筋详图1：30

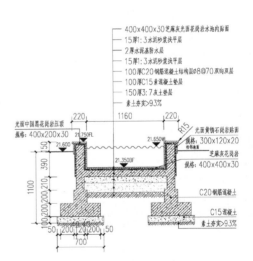

> 图3-4-24　水池做法详图1：30

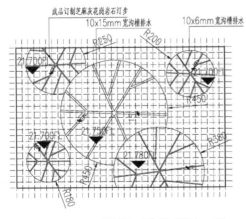

> 图3-4-25　"荷花汀步"尺寸图1：30

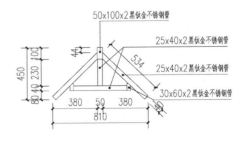

> 图3-4-26　铁架帽顶大样详图1：20

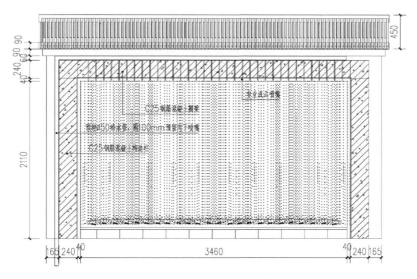

> 图3-4-27　流水幕墙结构布置详图1∶30

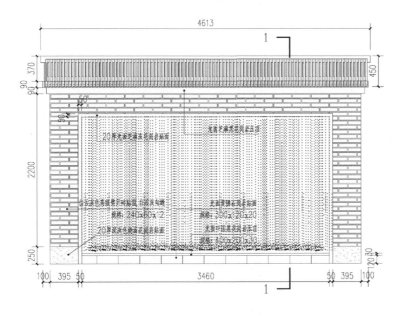

> 图3-4-28　流水幕墙立面详图1∶30

（3）主入口东侧L型景墙工程做法详图

见图3-4-29～图3-4-41。

景墙施工图绘制要点：

① 剖切位置选择要合理，并在平面图中标示清楚。

② 做法要标注详细清晰、合理，并给出各材料尺寸、规格。

③ 相邻地面要给出做法标注。

④ 垫层厚度应符合相应规范。

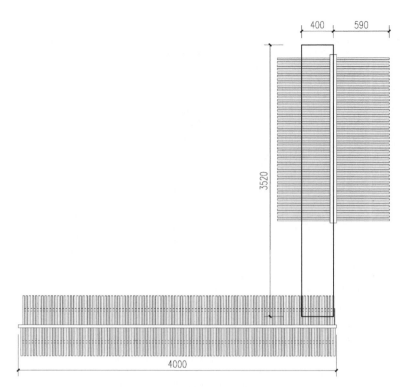

400   590

3520

4000

> 图3-4-29　L型景墙平面布置详图1：30

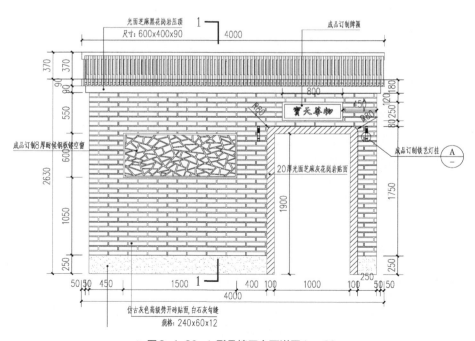

光面芝麻黑花岗岩压顶
尺寸：600x400x90   成品订制牌匾

1   4000

370   370

90

550

600   成品订制8厚耐候钢板镂空窗

2630   800

寶天尋物

1050   20厚光面芝麻灰花岗岩贴面

成品订制铁艺灯挂

180
120
250
80

1900   1750

250   250

50 50   450   1500   1   400   100   1000   100   250   50 50

4000

仿古灰色高级劈开砖贴面，白石灰勾缝
规格：240x60x12

A
—

> 图3-4-30　L型景墙正立面详图1：30

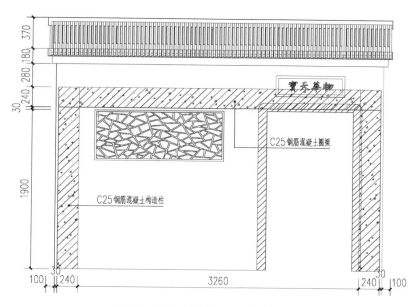

C25钢筋混凝土圈梁

C25钢筋混凝土构造柱

> 图3-4-31 L型景墙结构详图1：30

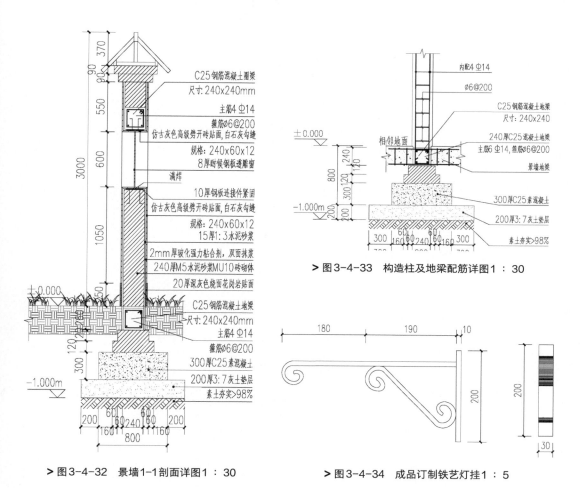

C25钢筋混凝土圈梁
尺寸：240x240mm

主筋4 Φ14
箍筋Φ6@200
仿古灰色高级劈开砖贴面，白石灰灰勾缝
规格：240x60x12
8厚耐候钢板透雕窗
满焊
10厚钢板连接件紧固
仿古灰色高级劈开砖贴面，白石灰灰勾缝
规格：240x60x12
15厚1：3水泥砂浆
2mm厚玻化强力粘合剂，双面抹浆
240厚M5水泥砂浆MU10砖砌体
20厚深灰色烧面花岗岩贴面
C25钢筋混凝土地梁
尺寸：240x240mm
主筋4 Φ14
箍筋Φ6@200
300厚C25素混凝土
200厚3：7灰土垫层
素土夯实>98%

> 图3-4-32 景墙1-1剖面详图1：30

内配4 Φ14
Φ6@200
C25钢筋混凝土地梁
尺寸：240x240
相邻地面
240厚C25混凝土地梁
主筋6 Φ14,箍筋Φ6@200
景墙地梁
300厚C25素混凝土
200厚3：7灰土垫层
素土夯实>98%

> 图3-4-33 构造柱及地梁配筋详图1：30

> 图3-4-34 成品订制铁艺灯挂1：5

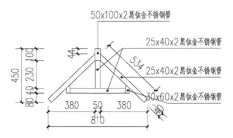

> 图3-4-35 钢架帽顶大样详图1：20

注：①每个连接点均为满焊。

②成品订制，并安装。

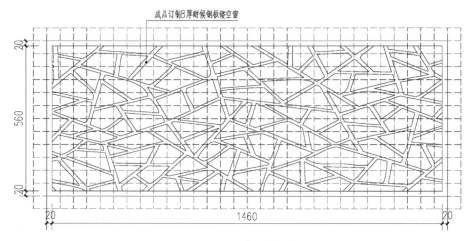

> 图3-4-36 镂空窗网格放线图1：10

注：网格间距为50mm。

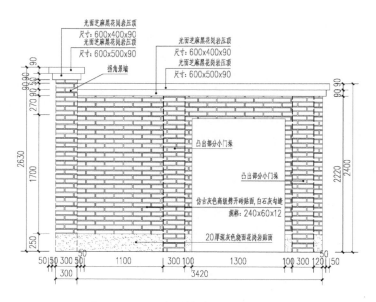

> 图3-4-37 L型景墙侧立面详图1：30

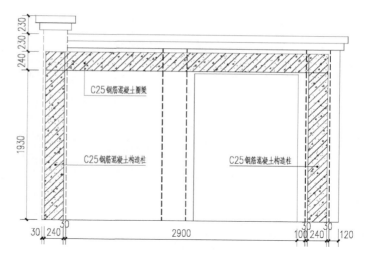

> 图3-4-38 L型景墙侧立面结构布置详图1：30

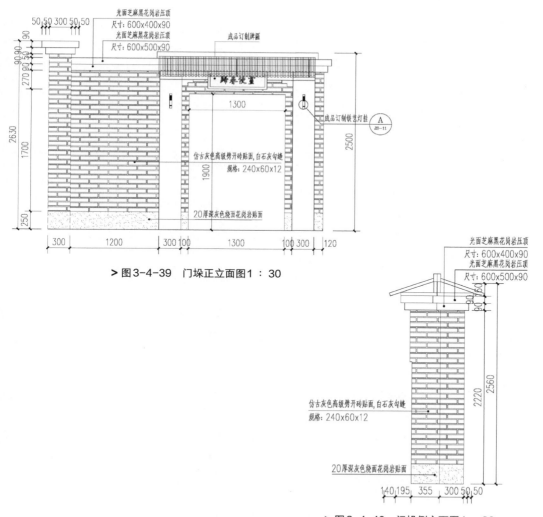

> 图3-4-39 门垛正立面图1：30

> 图3-4-40 门垛侧立面图1：30

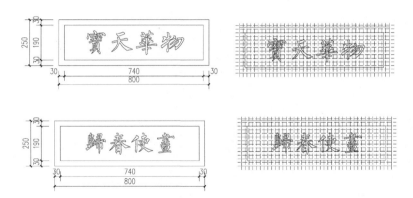

> 图3-4-41　牌匾网格放线图1：10

（4）镂空花窗挡土墙工程做法详图

见图3-4-42 ～图3-4-46。

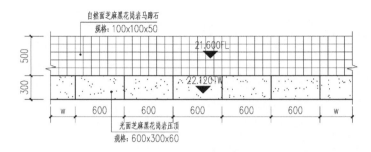

> 图3-4-42　镂空花窗挡土墙平面详图1：30

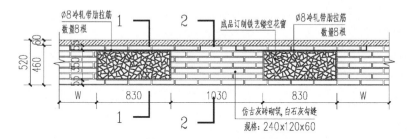

> 图3-4-43　镂空花窗挡土墙立面详图1：30

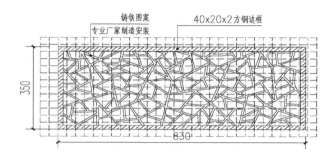

> 图3-4-44　铁艺花窗网格放线图1：10

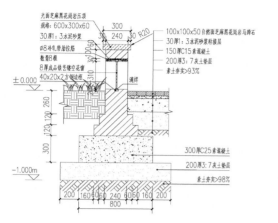

> 图3-4-45　1-1剖面详图1：20

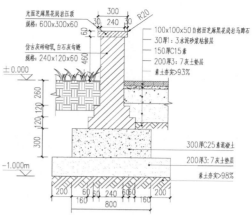

> 图3-4-46　2-2剖面详图1：20

（5）月洞门工程做法详图

见图3-4-47～图3-4-50。

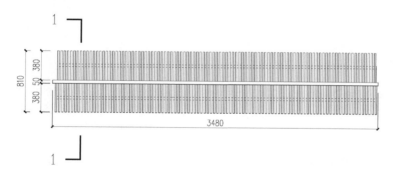

> 图3-4-47　月洞门平面图1：30

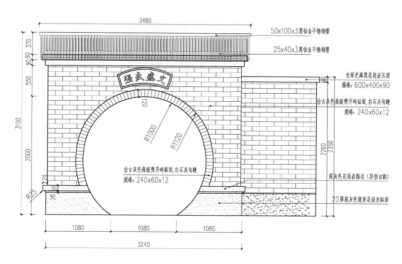

> 图3-4-48　月洞门立面图1：30

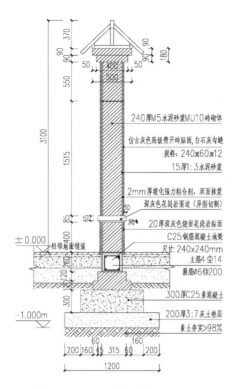

> 图3-4-49　1-1剖面详图1：30

240厚M5水泥砂浆MU10砖砌体

仿古灰色高级劈开砖贴面,白石灰勾缝
规格:240×60×12
15厚1:3水泥砂浆

2mm厚玻化强力粘合剂,双面抹浆
深灰色花岗岩围边(异型切割)

20厚深灰色烧面花岗岩贴面
C25钢筋混凝土地梁
尺寸:240×240mm
主筋4Φ14
箍筋Φ6@200

相邻地面铺装

300厚C25素混凝土

200厚3:7灰土垫层

素土夯实>98%

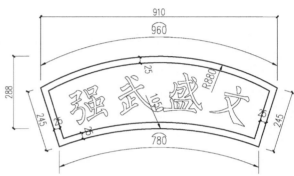

> 图3-4-50　月洞门牌匾尺寸详图1：10

注：①字体为柳公权柳体繁，阴刻，字体颜色为湖蓝。
　　②牌匾选用上等榉木实木板雕刻，成品订制。

（6）次入口工程做法详图

见图4-4-51～图4-4-54。

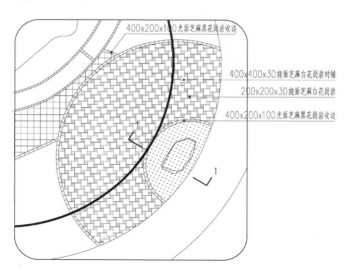

400×200×100光面芝麻黑花岗岩收边

400×400×30烧面芝麻白花岗岩对铺

200×200×30烧面芝麻白花岗岩

400×200×100光面芝麻黑花岗岩收边

> 图3-4-51　次入口铺装平面图1：50

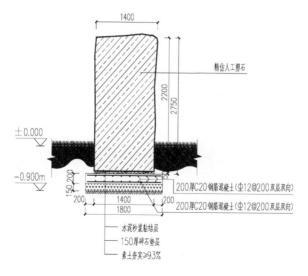

精仿人工塑石

±0.000

−0.900m

200厚C20钢筋混凝土（Φ12@200双层双向）
200厚C20钢筋混凝土（Φ12@200双层双向）

水泥砂浆粘结层
150厚碎石垫层
素土夯实≥93%

> 图3-4-52　1-1剖面图1：50

注：①次入口景观置石为人工精仿雪浪石，长2.5m、厚1.4m、高2.2m。
　　②刻字"武强园"字体为书体米带体。
　　③由高级工艺师亲自现场创作。

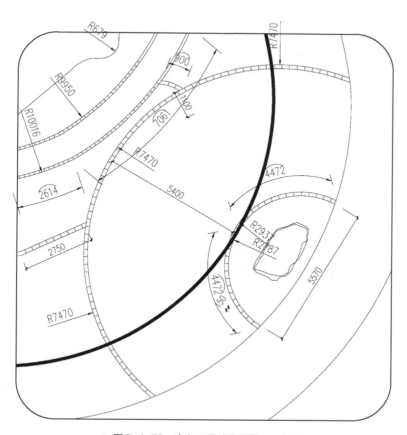

> 图3-4-53　次入口尺寸平面图1：100

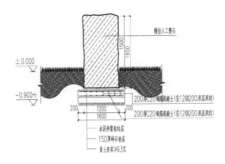

> 图3-4-54　主入口景石剖面图1∶50

　　注：①主入口景观置石为人工精仿雪浪石，长2.5m、厚1.6m、高1.5m。

　　　　②刻字为"千年古县武强园"。"千年古县"字体为老宋体，"武强园"字体为书体米芾体。

　　　　③由高级工艺师亲自现场创作。

（7）"六子争鸣"影壁景墙工程做法详图

见图4-4-55～图4-4-62。

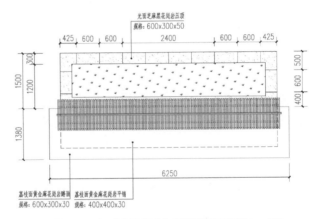

> 图3-4-55　"六子争鸣"影壁墙平面详图1∶50

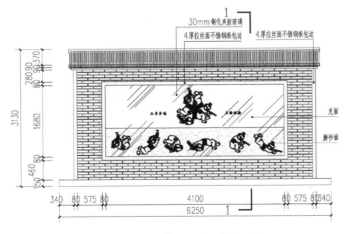

> 图3-4-56　"六子争鸣"影壁墙正立面面详图1∶50

注：①文字字体为行楷。

②玻璃墙上的部分"六子争鸣"图形及文字均与玻璃墙为一整体。

③玻璃墙下部分"六子"图形为亚克力材质制作，为可移动的单体。

④"六子争鸣"互动体验展示设备一套，由专业厂家定制安装。

> 图3-4-57 "六子争鸣"影壁墙平面详图1：50

注：①"六子"腹部方格子代表预留孔洞位置，且为直径14mm圆形孔。
　　②不锈钢螺栓柱头探出的尺寸与相对应的亚克力娃娃尺寸相同。

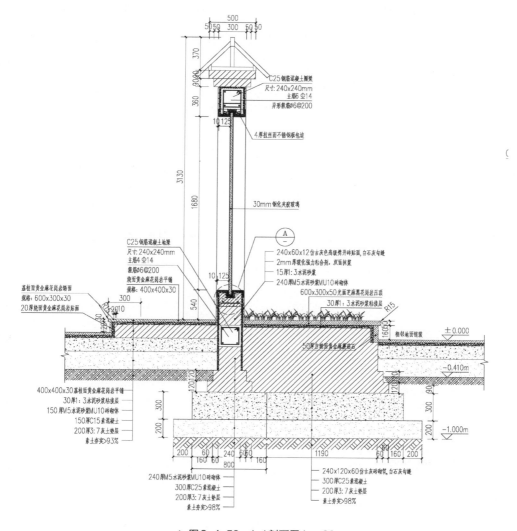

> 图3-4-58　1-1剖面图1：20

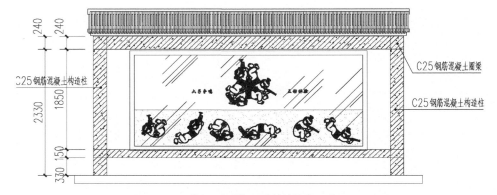

> 图3-4-59　"六子争鸣"影壁墙结构布置详图1：50

构造柱及配筋图要点：

① 称重计算要准确严谨，配筋数量型号适宜，避免浪费现象。

② 相应垫层厚度应符合相应规范要求。

③ 尺寸、材料规格标示清晰明确。

④ 相邻地面给予标示，构造柱位置要清晰。

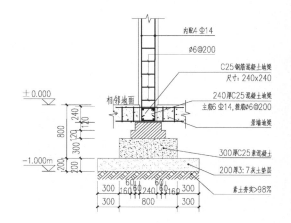

> 图3-4-60　构造柱及配筋布置详图1：50

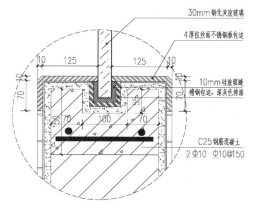

> 图3-4-61　大样详图1：5

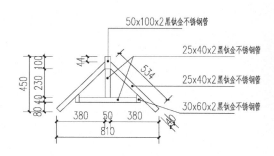

> 图3-4-62　钢架帽顶大样详图1：20
注：①每个连接点均为满焊。
　　②成品订制，并安装。

（8）入口大门工程做法详图

见图4-4-63～图4-4-72。

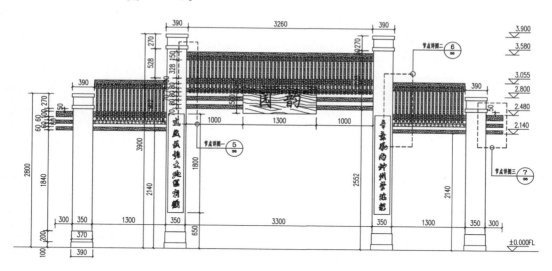

> 图3-4-63　大门正立面尺寸图1：30

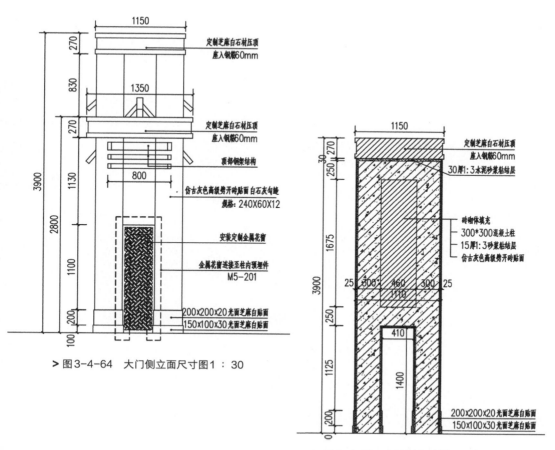

> 图3-4-64　大门侧立面尺寸图1：30

> 图3-4-65　大门侧立面剖面尺寸图1：30

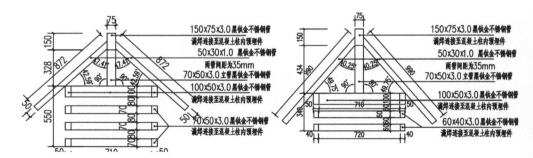

> 图3-4-66　大门帽顶尺寸详图1∶30

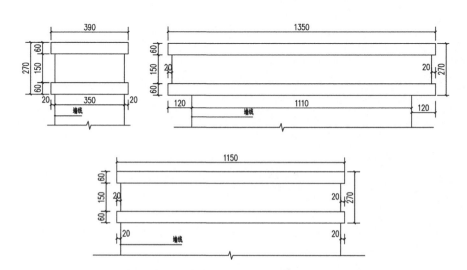

> 图3-4-67　压顶石正、侧立面详图尺寸图1∶10
> 注：定制光面芝麻白石材压顶。

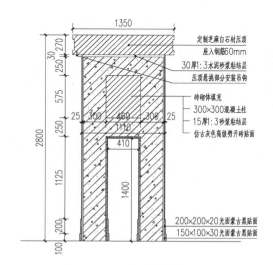

> 图3-4-68　大门侧立面剖面1∶30

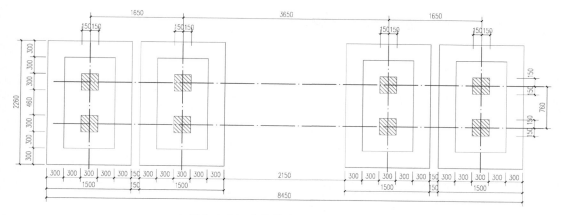

> 图3-4-69　门柱基础平面尺寸图1：30

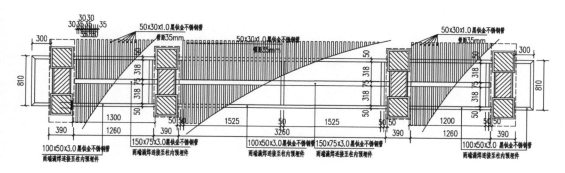

> 图3-4-70　门柱上部钢架尺寸图1：30

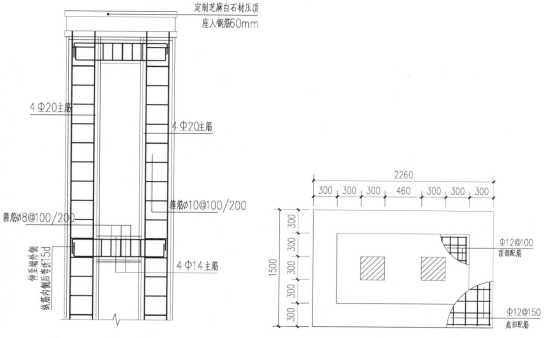

> 图3-4-71　柱及连梁配筋图1：30

> 图3-4-72　基础平面配筋图1：30

3.4.3 景观小品工程做法详图

（1）"音破云天"演奏台工程详图

见图3-4-73～图3-4-85。

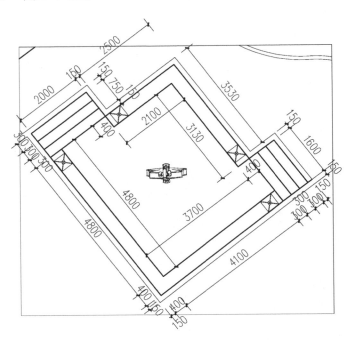

> 图3-4-73 "音破云天"演奏台尺寸详图1：80

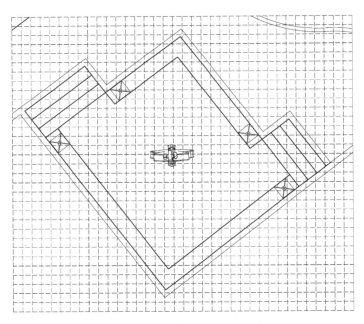

> 图3-4-74 "音破云天"演奏台网格放线图1：80

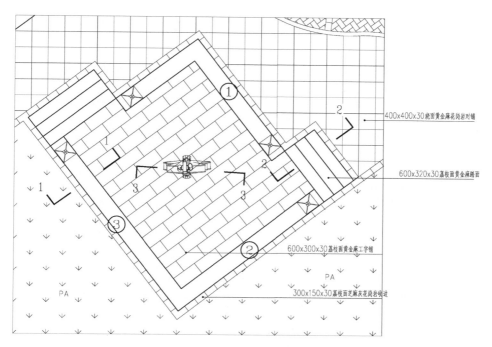

> 图3-4-75 "音破云天"演奏台材料铺装图1：80

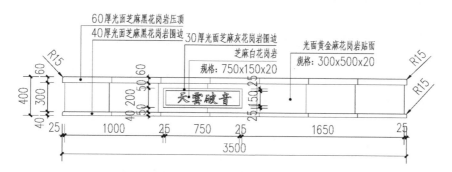

> 图3-4-76 "音破云天"演奏台1号外墙立面详图1：30
> 注：①墙上文字采用不锈钢金属材质。
> ②字体为柳公权柳体繁，成品订制，并安装。

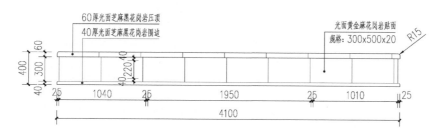

> 图3-4-77 "音破云天"演奏台2号墙内立面详图1：30

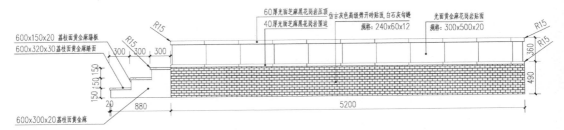

> 图3-4-78 "音破云天"演奏台3号墙外立面详图1:30

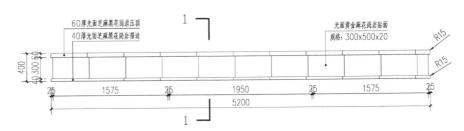

> 图3-4-79 "音破云天"演奏台3号墙内立面详图1:30

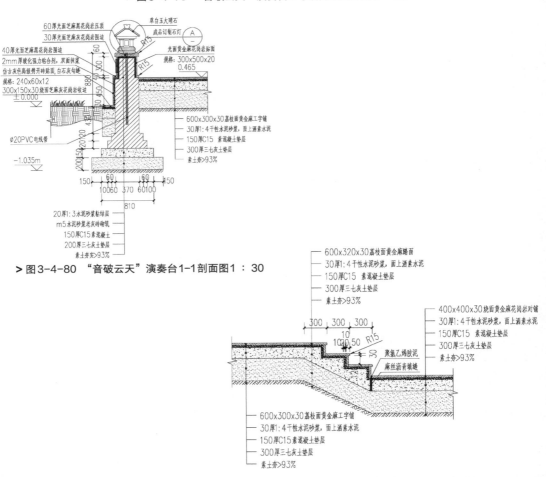

> 图3-4-80 "音破云天"演奏台1-1剖面图1:30

> 图3-4-81 "音破云天"演奏台2-2剖面图1:30

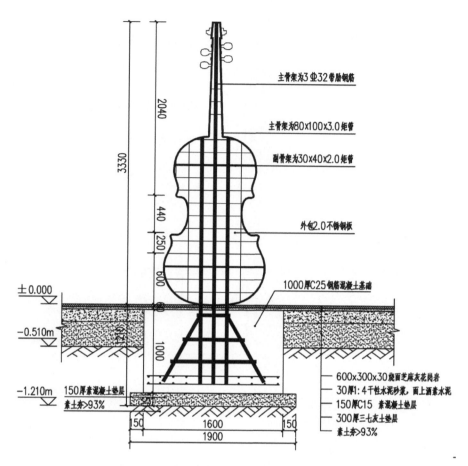

主骨架为3 Φ32带肋钢筋

主骨架为80x100x3.0矩管

副骨架为30x40x2.0矩管

外包2.0不锈钢板

1000厚C25钢筋混凝土基础

600x300x30烧面芝麻灰花岗岩
30厚1:4干性水泥砂浆，面上洒素水泥
150厚C15 素混凝土垫层
300厚三七灰土垫层
素土夯>93%

150厚素混凝土垫层
素土夯>93%

2040

3330

440

250

600

1210

1000

± 0.000

−0.510m

−1.210m

150 1600 150
1900

> 图3-4-82 雕塑大提琴正立面结构配筋详图1：30

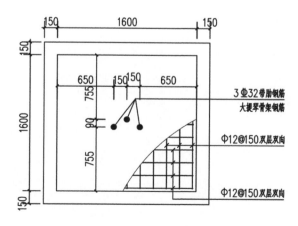

150 1600 150

150

650 150 150 650

755

80

755

1600

150

3 Φ32带肋钢筋
大提琴骨架钢筋

Φ12@150双层双向

Φ12@150双层双向

> 图3-4-83 基础配筋详图1：20

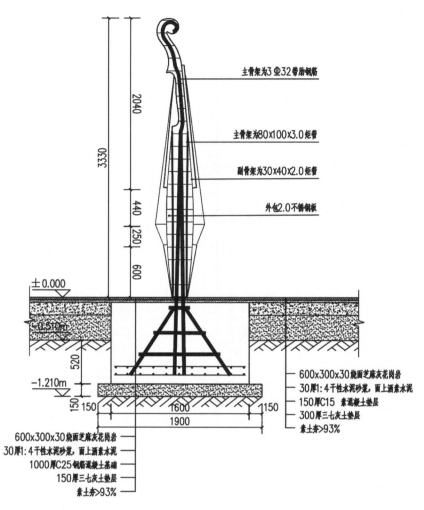

主骨架为3Φ32带肋钢筋

主骨架为80x100x3.0矩管

副骨架30x40x2.0矩管

外包2.0不锈钢板

600x300x30烧面芝麻灰花岗岩
30厚1：4干性水泥砂浆，面上洒素水泥
150厚C15素混凝土垫层
300厚三七灰土垫层
素土夯>93%

600x300x30烧面芝麻灰花岗岩
30厚1：4干性水泥砂浆，面上洒素水泥
1000厚C25钢筋混凝土基础
150厚三七灰土垫层
素土夯>93%

> 图3-4-84　雕塑大提琴侧立面结构配筋详图1：30

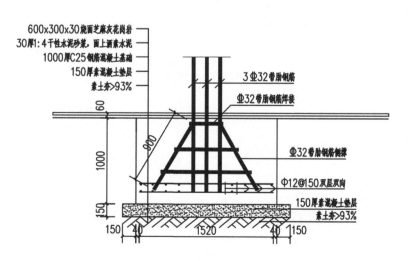

600x300x30烧面芝麻灰花岗岩
30厚1：4干性水泥砂浆，面上洒素水泥
1000厚C25钢筋混凝土基础
150厚素混凝土垫层
素土夯>93%

3Φ32带肋钢筋

Φ32带肋钢筋焊接

Φ32带肋钢筋侧撑

Φ12@150双层双向

150厚素混凝土垫层
素土夯>93%

> 图3-4-85　基础剖面配筋详图1：30

（2）特色坐凳工程做法详图

见图3-4-86～图3-4-97。

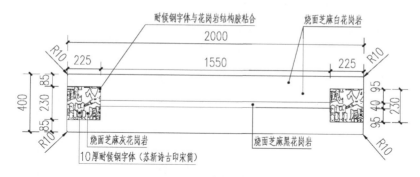

> 图3-4-86　坐凳平面详图1：20

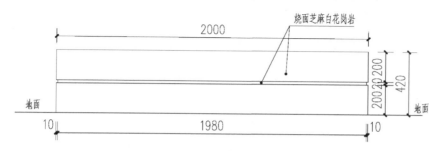

> 图3-4-87　坐凳正立面详图1：20

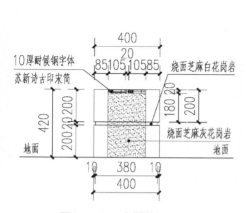

> 图3-4-88　大样详图1：10

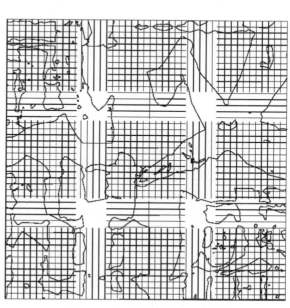

> 图3-4-89　"文盛武强"字体放线图1：5

注：①网格尺寸5mm×5mm。

　　②字体为苏新诗古印宋简。

　　③字体材质为耐候钢，精品定制并由专业技术人员安装
　　　指导。

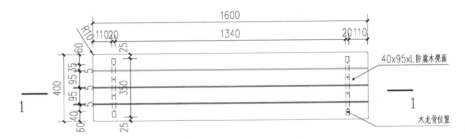

> 图3-4-90 坐凳平面详图1：20

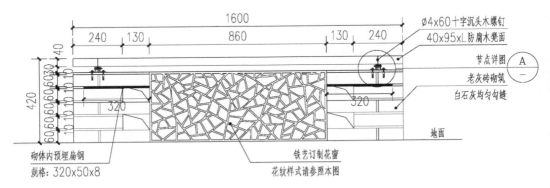

> 图3-4-91 坐凳正立面详图1：15

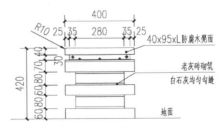

> 图3-4-92 坐凳侧立面图1：15

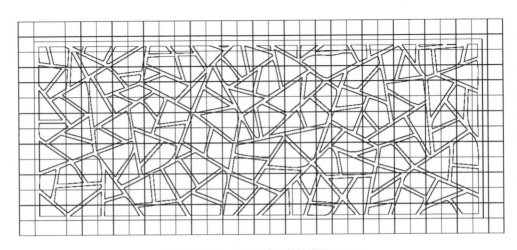

> 图3-4-93 铁艺花窗网格放线图1：10

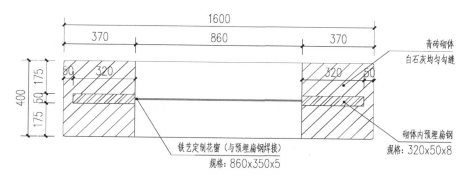

青砖砌体
白石灰均匀勾缝

砌体内预埋扁钢
规格：320x50x8

铁艺定制花窗（与预埋扁钢焊接）
规格：860x350x5

> 图3-4-94　1-1断面图1：15

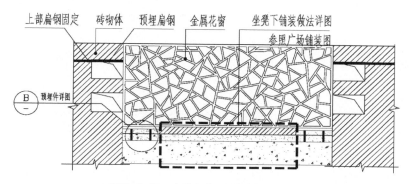

上部扁钢固定　砖砌体　预埋扁钢　金属花窗　坐凳下铺装做法详图
参照广场铺装图

B　预埋件详图

> 图3-4-95　坐凳正立面局部剖面图1：15

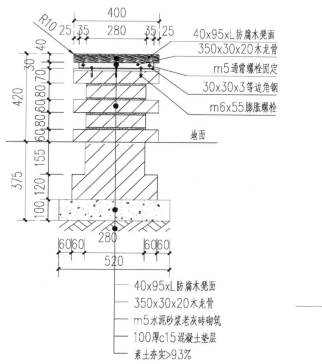

40x95xL防腐木凳面
350x30x20木龙骨
m5通常螺栓固定
30x30x3等边角钢
m6x55膨胀螺栓

地面

40x95xL防腐木凳面
350x30x20木龙骨
m5水泥砂浆老灰砖砌筑
100厚c15混凝土垫层
素土夯实>93%

> 图3-4-96　坐凳剖面图1：15

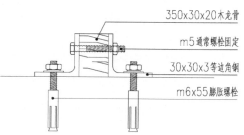

350x30x20木龙骨
m5通常螺栓固定
30x30x3等边角钢
m6x55膨胀螺栓

> 图3-4-97　节点大样详图1：2

（3）标示牌工程做法详图

见图3-4-98～图3-4-102。

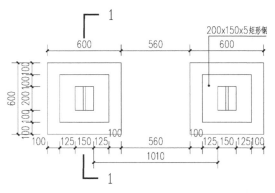

> 图3-4-98　基础平面图1：20

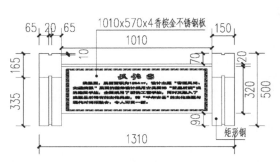

> 图3-4-99　导视牌立面图1：20

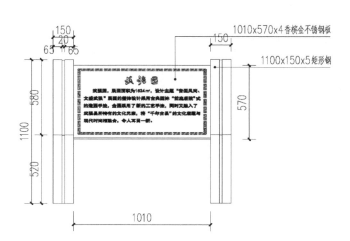

> 图3-4-100　导视牌正立面图1：20

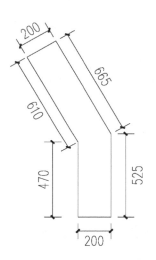

> 图3-4-101　导视牌侧立面图1：20

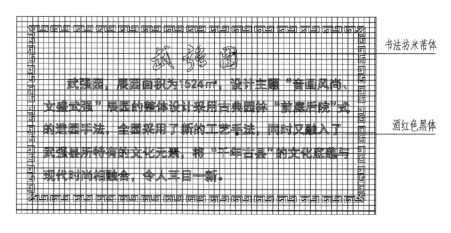

> 图3-4-102　导视牌网格放线图1：20

3.4.4 水景工程做法详图

（1）驳岸、池底及梅花桩工程做法详图

见图3-4-103～图3-4-106。

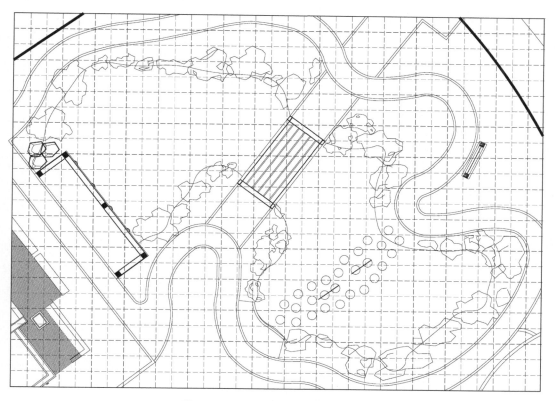

> 图3-4-103 拢音湖网格放线图1：100

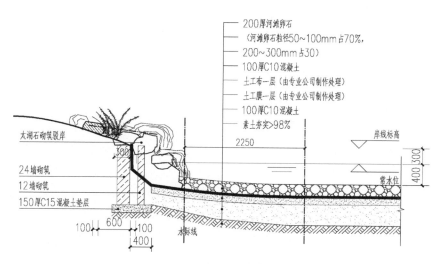

> 图3-4-104 自然驳岸及池底做法详图1：100

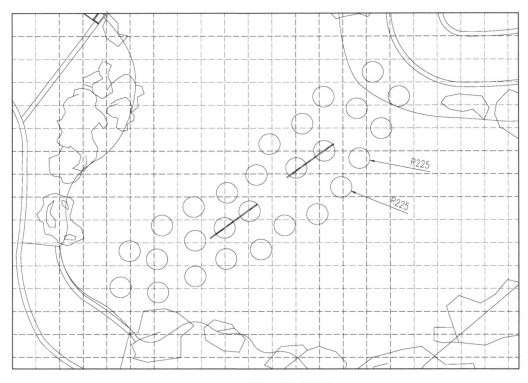

> 图3-4-105　自然驳岸及池底做法详图1：100

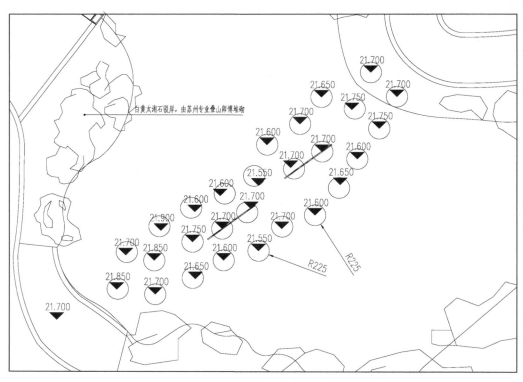

> 图3-4-106　梅花桩网格放线图1：100

（2）"踏水听琴"木栈台工程做法详图

见图3-4-107～图3-4-112。

柱梁布置图绘制要点：

① 承重计算要精确合理，符合相关规范。

② 用料适宜，不浪费。

③ 分布位置合理、明确。

④ 相关尺寸、材料、材质要标示清楚。

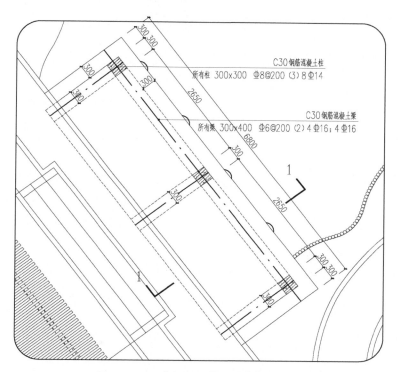

> 图3-4-107 "踏水听琴"柱梁布置图1：50

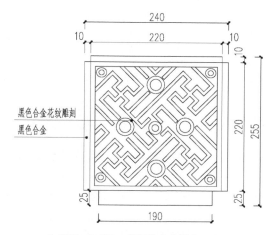

> 图3-4-108 栏杆节点大样1：25

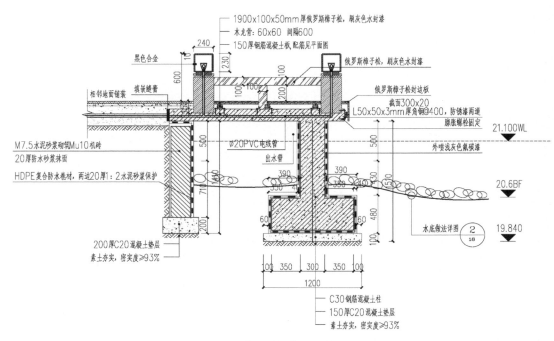

1900x100x50mm厚俄罗斯樟子松，刷灰色水封漆
木龙骨：60x60 间隔600
150厚钢筋混凝土板，配筋见平面图

俄罗斯樟子松，刷灰色水封漆

黑色合金

俄罗斯樟子松封边板
截面300x20
L50x50x3mm厚角钢@400，防锈漆两道
膨胀螺栓固定

相邻地面铺装
填嵌缝膏

21.100WL

M7.5水泥砂浆砌筑Mu10机砖
20厚防水砂浆抹面

Ø20PVC电线管
出水管

外喷涂灰色氟碳漆

HDPE复合防水卷材，两边20厚1：2水泥砂浆保护

20.6BF

水底做法详图 ②/18

19.840

200厚C20混凝土垫层
素土夯实，密实度≥93%

C30钢筋混凝土柱
150厚C20混凝土垫层
素土夯实，密实度≥93%

> 图3-4-109 "踏水听琴"1-1剖面图 1：30

剖面图绘制要点：

① 选择合理的剖切位置，显示信息明确。

② 与湖底相接处的防水处理应详细处理。

③ 材料尺寸标示要清晰。

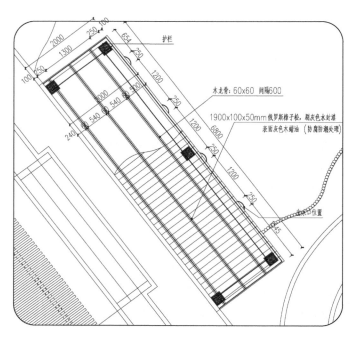

护栏

木龙骨：60x60 间隔600

1900x100x50mm俄罗斯樟子松，刷灰色木封漆
表面灰色木蜡油（防腐防潮处理）

出水口位置

> 图3-4-110 "踏水听琴"龙骨布置图1：50

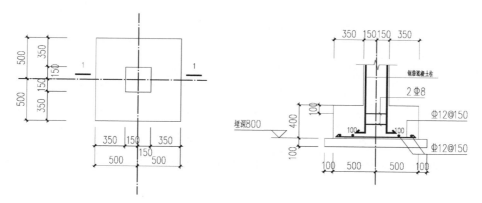

> 图3-4-111 "踏水听琴"基础平面图1：25

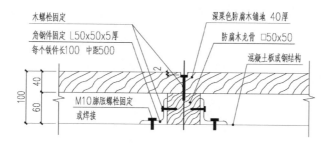

> 图3-4-112 "踏水听琴"龙骨衔接节点大样1：25

注：① 混凝土梁、板、柱钢筋净保护层厚度分别为30/20/35mm，基础为40mm。
② 平台板板厚150mm，双层双向配筋。
③ 地基承载力特征值（fak）不应小于100。

（3）"拢音湖"畔小亲水平台工程做法详图

见图3-4-113～图3-4-115。

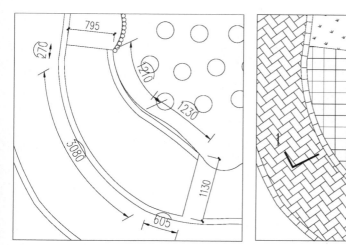

> 图3-4-113 亲水平台尺寸平面图1：50

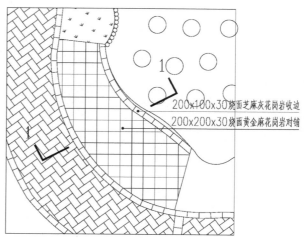

> 图3-4-114 亲水平台铺装平面图1：50

平面图绘制要点：

① 亲水平台尺寸、规格应与整体布局相协调。

② 在追求铺装样式吸引人外，还应兼顾考虑材料的防滑、防水等特性。

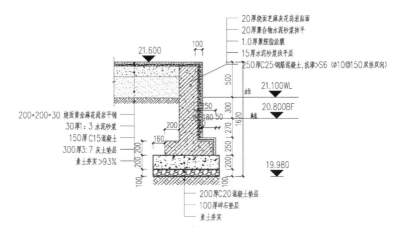

20厚烧面芝麻灰花岗岩贴面
20厚聚合物水泥砂浆抹平
1.0厚聚胺脂涂膜
15厚水泥砂浆找平层
250厚C25钢筋混凝土,抗渗>S6 (Ø10@150双排双向)

200×200×30 烧面黄金麻花岗岩平铺
30厚1：3 水泥砂浆
150厚C15混凝土
300厚3：7 灰土垫层
素土夯实>93%

200厚C20混凝土垫层
100厚碎石垫层
素土夯实

21.100WL
20.800BF
19.980

> 图3-4-115　1-1剖面图1：50

剖面图绘制要点：

① 选择合理的剖切位置，显示信息明确。

② 与湖底相接处的防水处理应详细处理。

③ 材料尺寸标示要清晰。

（4）六弦桥工程做法详图

见图3-4-116～图3-4-126。

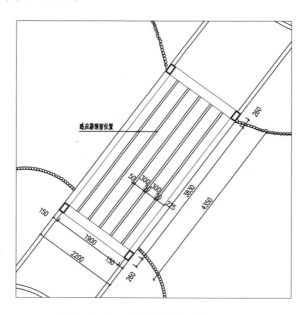

感应器预留位置

> 图3-4-116　六弦桥平面尺寸详图1：50

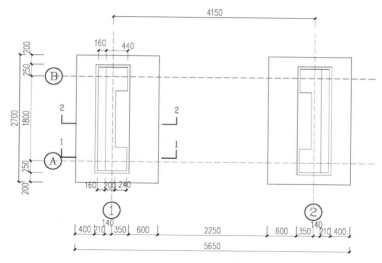

> 图3-4-117　六弦桥平面基础详图1∶50

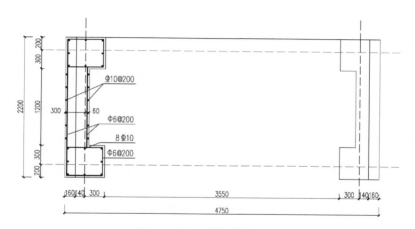

> 图3-4-118　桥墩平面图1∶50

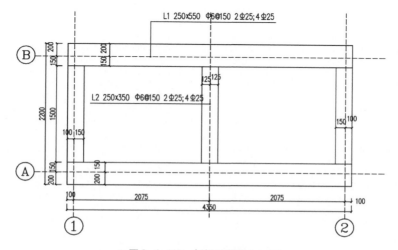

> 图3-4-119　桥梁平面图1∶50

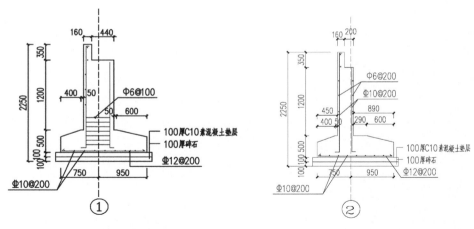

> 图3-4-120　1-1剖面图1：50

> 图3-4-121　2-2剖面图1：50

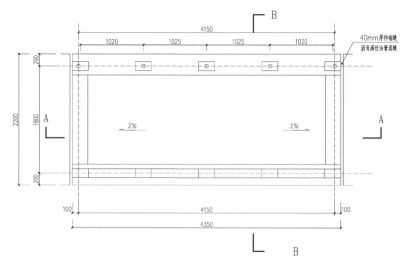

> 图3-4-122　栏杆平面图1：30

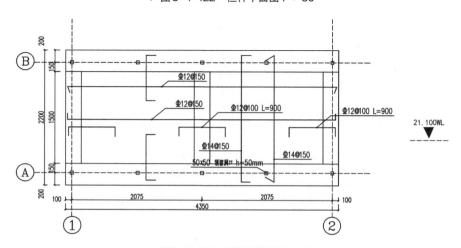

> 图3-4-123　桥板配筋图1：30

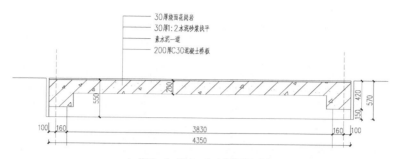

30厚烧面花岗岩
30厚1:2水泥砂浆找平
素水泥一道
200厚C30混凝土桥板

> 图3-4-124 1-1剖面图:30

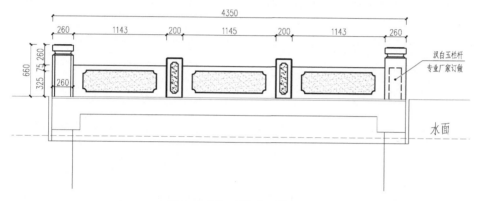

汉白玉栏杆
专业厂家订做

水面

> 图3-4-125 栏杆立面图1：30

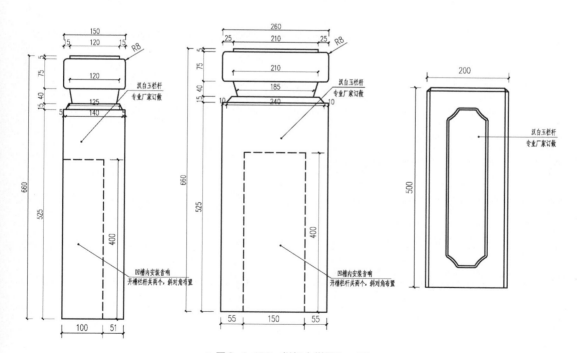

汉白玉栏杆
专业厂家订做

凹槽内安装音响
开槽栏杆共两个，斜对角布置

汉白玉栏杆
专业厂家订做

凹槽内安装音响
开槽栏杆共两个，斜对角布置

汉白玉栏杆
专业厂家订做

> 图3-4-126 栏杆大样图1：30

3.4.5 给排水工程做法详图

见图3-4-127～图3-4-129。

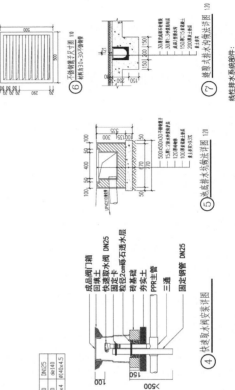

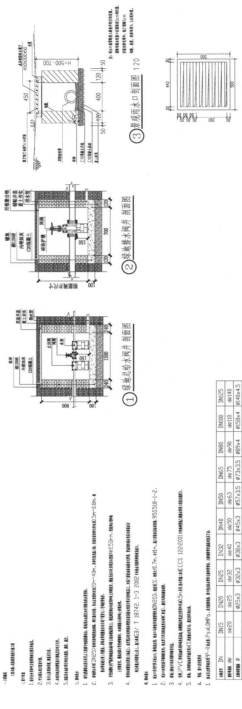

① 绿地总给水阀井 剖面图　② 绿地排水阀井 剖面图　③ 景观雨水口剖面图 1:20

④ 快速取水阀安装详图　⑤ 池底排水沟做法详图 1:20

⑥ 不锈钢箅子平面图 1:10　⑦ 缝隙式排水沟做法详图 1:20

> 图3-4-127　给排水说明及安装大样图

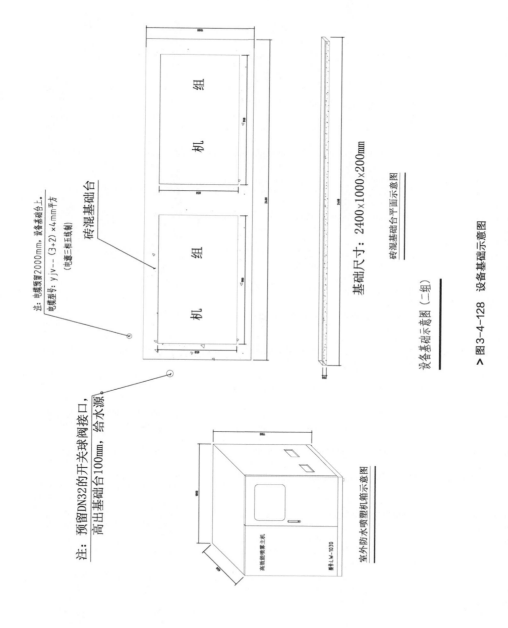

砖混基础台

注：电缆预留2000mm，设备基础台上。
电缆型号：yjv-(3+2)×4mm平方
（电源三相五线制）

基础尺寸：2400×1000×200mm

砖混基础台平面示意图

设备基础示意图（二组）

注：预留DN32的开关球阀接口，
高出基础台100mm，给水源。

室外防水喷雾机箱示意图

> 图3-4-128　设备基础示意图

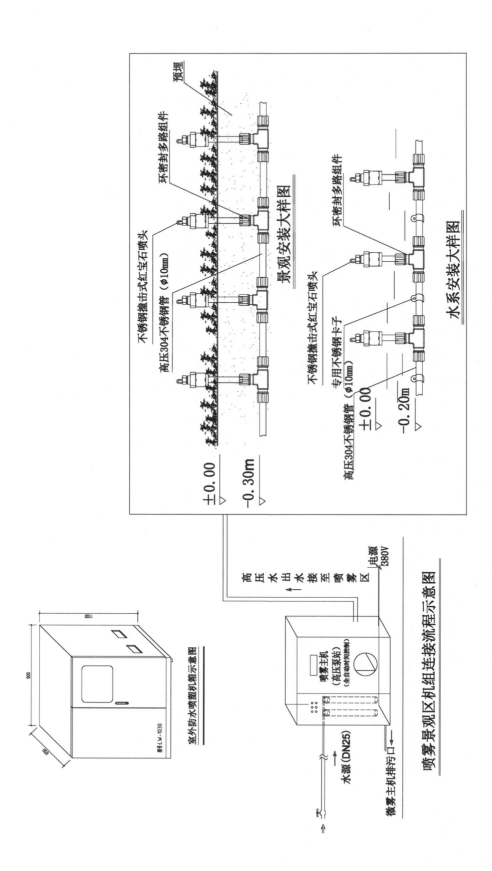

喷雾安装工艺流程图

> 图3-4-129 喷雾系统参数说明

3.4.6　电气工程做法详图

见图3-4-130、图3-4-131。

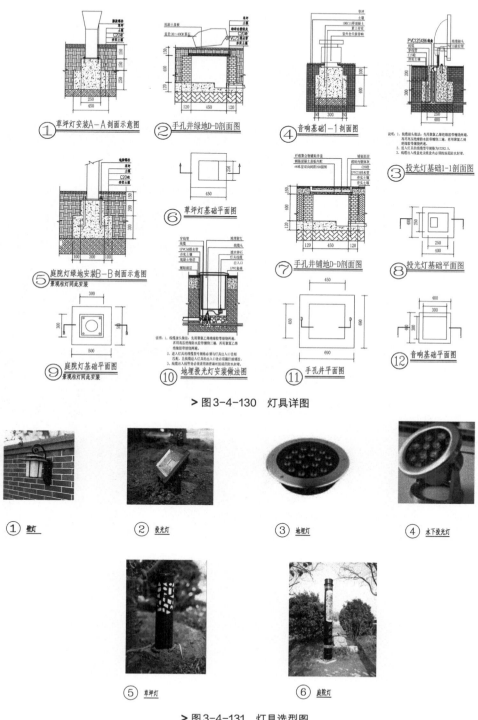

> 图3-4-130　灯具详图

> 图3-4-131　灯具选型图

园林景观设计实战
方案　施工图　建造

Chapter 4

第4章　施工建造及
实景效果

完成施工图设计阶段之后，即进入项目施工阶段。下面以园林景观实际项目为例，详细讲解施工建造过程，并用丰富的图例展示实景效果。

4.1 景墙建造及实景效果

景墙是园林景观中一道靓丽的风景，既可以产生障景的作用，又能够用不同的图文来展示、宣传园林所在地区的特色。这里以武强园"六子争鸣"景墙为例进行建造过程分析。

（1）开槽

施工前要做好地面排水工作，保持基坑地面干燥，根据施工图定位放线，达到设计标高后进行夯实。由监理、设计、施工、质检站四方现场检查签证后，报质检工程师验证，方可继续进行施工（图4-1-1）。

（2）基础施工

按照要求开挖基槽并夯实灰土垫层后，进行C15混凝土垫层浇注。基础支护采用木模一次支护成型的方式（图4-1-2）。

支模注意事项如下。

① 模板及其支架应该具有足够的承载力、刚度和稳定性，能够可靠地承受浇注混凝土的重量、侧压力和施工荷载。

② 切割的多层板的边角应刨光并涂刷模板封边漆。面板的拼缝应严密、表面平整，节点背肋设置复合模板应符合设计要求，木方用压刨压平。

> 图4-1-1 "六子争鸣"景墙开槽现场

> 图4-1-2 "六子争鸣"景墙基础支护

（3）基础浇筑后，开始砌筑

对基础进行浇筑、砌筑（图4-1-3）。注意事项如下。

① 横平竖直，砂浆饱满，厚薄均匀，接槎牢固。

② 砖砌体组砌方法应正确，上下错缝，内外搭砌，砖柱不得采用包心砌法。

③ 砖砌体的灰缝应横平竖直，不得使墙体出现歪曲。

（4）基础回填后，开始浇筑地梁

① 梁浇筑时顺次梁方向进行，用"赶浆法"由梁的一端向另一端呈阶梯性向前推进，直至起始点的混凝土达到梁顶位置。

② 浇注柱梁交叉处混凝土时，如果钢筋较密，可以用小直径振动棒从梁的上部钢筋较稀处插入梁端进行振捣。

> 图4-1-3 基础浇筑后，开始砌筑

③ 注意梁、板混凝土振捣时，混凝土输送管需要用钢筋或木马凳支垫，不可以直接放在钢筋上（图4-1-4）。

④ 浇注混凝土时应当经常观察模板、钢筋、预留孔洞、预埋铁件和插筋等有无移位、变形或堵塞现象，发现问题应当立即停止浇注，并在已浇注的混凝土凝固前将问题处理好（图4-1-5）。

> 图4-1-4 地梁支模

> 图4-1-5 地梁混凝土浇注

（5）景墙实景效果

"六子争鸣"实景效果如图4-1-6、图4-1-7所示。

> 图4-1-6 武强园"六子争鸣"景墙实景（1）

> 图4-1-7 武强园"六子争鸣"景墙实景（2）

4.2 亭台建造及实景效果

亭台是园林景观中重要的景点，其造型多样，但基本结构大致相同，即由一个屋顶、几根柱子构成，中空。亭台在园林景观中起很重要的作用，它能把外界大空间的景象吸收到这个小空间中来供人欣赏。下面以饶阳园诗经台为例解析亭台的施工过程，并展示实景效果。

（1）建筑物定位测量

根据建筑平面图以及坐标点，采用市规划部门提供的坐标点投点不少于三点进行定位放线（图4-2-1）。用经纬仪放出建筑物四边轴线，用直角坐标法以总平面图给出的建筑红线坐标点测出主轴线控制线（图4-2-2）。

> 图4-2-1　定点　　　　　　　　　> 图4-2-2　放线

（2）基坑（槽）土方开挖与回填

基坑（槽）开挖采用反铲挖掘机挖装、自卸汽车运输（图4-2-3），基底预留30cm人工清基。基坑（槽）回填采用装载机或手推车运土，人工分层回填（图4-2-4），每层填土25～30cm，手扶振动碾压夯实。

（3）基础工程施工

首先在垫层上放出基础地梁轴线及边线，模板采用木模，即九夹板、木枋组装，木桩固定。钢筋安装就位后，再搭设钢管脚手架供浇注混凝土使用（图4-2-5）。需要特别注意的是，架管不能接触基础模，以避免在施工中晃动导致模板移位。

钢筋现场制作、绑扎。在绑扎过程中，应加强梁筋及柱插筋的定位加固处理，避免造成混凝土浇注时柱筋移位。

> 图4-2-3　基坑（槽）土方开挖　　　　> 图4-2-4　基坑（槽）土方回填

> 图4-2-5　基础地梁支模

（4）框架柱、构造柱模板安装工艺

模板安装程序如下。

① 放线设置定位基线。

② 抹1 : 3水泥砂浆支承面。

③ 模板分段就位（图4-2-6）。

④ 安装支撑（图4-2-7）。

> 图4-2-6 模板分段就位

> 图4-2-7 构造柱支模

⑤ 调直纠偏。

⑥ 全面检查校正。

⑦ 柱墙模群体固定。

⑧ 清除柱墙模内杂物，封闭清扫口。

（5）模板的拆除

① 非承重模板：对现浇整体结构的非承重模板，应在混凝土强度能保证其表面及其棱角不因拆模而受损时，方可拆除（图4-2-8～图4-2-10）。

② 仅承受自重荷载的模板：当现浇结构上无楼层和支架板荷载时，应在与结构同条件养护的试块达到规定的强度后方可拆模。

> 图4-2-8 非承重模板拆除完成

> 图4-2-9　基础拆模完成　　　　　　　　　　> 图4-2-10　拆模完成后进行晾晒

③ 承受上部荷载的模板：对于多层结构连续支模的情况，下层结构承受较大施工荷载时，下层结构的承重模板必须在与结构同条件养护的混凝土试块达到100%设计标号时方准拆除。若施工荷载大于设计荷载，应经验算后加临时支撑。

④ 拆模顺序：模板拆除的顺序应按模板设计的规定执行。若设计无规定时，应采取先支的后拆、后支的先拆，先拆非承重模板后拆承重模板，先拆侧模后拆底模和自上而下的拆除顺序。

⑤ 模板拆除由项目技术负责人根据混凝土试压报告，签"拆模通知书"并规定拆模方式后，才能拆除模板和其支撑。混凝土试压报告应是现场同条件养护具有代表性的试件的抗压资料。

（6）钢筋工程

本工程钢筋采用现场集中制作加工、现场绑扎和焊接安装方法组织施工。钢筋入场时应做好钢材的抽检工作（图4-2-11）。

现场施工时按规范及设计要求进行绑扎安装，并作为主体结构关键工序加以控制（图4-2-12）。

> 图4-2-11　钢筋绑扎　　　　　　　　　　　> 图4-2-12　钢筋绑扎完成

> 图4-2-13 基础墙体砌筑

（7）墙体砌筑

① 墙（或砖砌体）砌筑应上下错缝，内外搭砌，灰缝平直，砂浆饱满，墙砌筑水平灰缝宽度和竖向灰缝宽度一般为10mm，不应小于8mm，也不应大于12mm（图4-2-13）。

② 砌块在砌筑前一天应浇水湿润，湿润砌块含水率宜为10%～15%；不得即时浇水淋砌块，即时使用。根据皮数杆下面一层砌块的标高，用拉线或水准仪进行抄平检查。

③ 如砌筑一皮砌块的水平灰缝厚度超过20mm，先用细石混凝土找平，严禁砌筑砂浆中掺碎砖找平，更不允许采用两侧砌砖、中间填心找平的方法。

（8）框架结构搭建

在基础施工完成后，开始搭建诗经台结构框架（图4-2-14、图4-2-15），应注意模板的搭建要严格按照《建筑工程质量管理条例》执行。

（9）墙体砌筑

见图4-2-16。

> 图4-2-14 搭建结构框架

> 图4-2-15 搭建基础框架

> 图4-2-16 墙体砌筑

（10）搭建楼梯

见图4-2-17～图4-2-20。

> 图4-2-18 台阶基础支模

> 图4-2-17 台阶外围墙体砌筑

> 图4-2-19 台阶基础布筋

> 图 4-2-20 "诗经台"种植池台阶实景

（11）石雕安装

石雕文字为篆体，由黄锈石整体雕刻而成。用防水材料将诗经台外侧做好防水处理（图 4-2-21），再利用力学原理及胶将"经文"固定（图 4-2-22）。

> 图 4-2-21　防水处理

> 图 4-2-22　石雕"经文"安装

（12）实景展示

见图4-2-23、图4-2-24。

> 图4-2-23　饶阳园诗经台实景（1）

> 图4-2-24　饶阳园诗经台实景（2）

4.3 人工湖建造及实景效果

水景是园林设计中的一个重要元素，是人们生活和娱乐休闲活动中必不可少的景观。自古以来，人们就把水景作为环境景观的中心，早在秦汉时期就形成了"一池三山"的布局模式，并一直影响着后世园林山水的发展。这里以武强园拢音湖为例进行水景工程建造过程及实景效果展示。

（1）放线

按照人工湖设计的高程并结合驳岸放线平面图，取驳岸的最高等高线和最低等高线对驳岸及湖底进行放线（图4-3-1）。

> 图4-3-1　基础放线

（2）基础开挖

用水准仪按照设计标高向下多挖50cm，对驳岸放坡采用小型挖掘机挖够尺寸，然后人工进行细部平整精修。对于湖底大面积的平面，则用推土机结合水准仪进行推平整理。

（3）夯实

用压路机对湖底进行振实，对压路机压不到的地方则用蛙式打夯机、气夯及人工夯实（图4-3-2），密实度必须达到设计要求。

（4）支模浇注

按照设计要求的高程及范围将素土面夯实整平，并支好模板。浇注前，模板及素土面应保持湿润，但不得有积水（图4-3-3）。

> 图4-3-2　人工夯实　　　　　　　　　　　　> 图4-3-3　基础浇注

（5）铺设防水层（土工膜、土工布）

见图4-3-4。

> 图4-3-4　土工膜、土工布铺设

（6）挡土墙砌筑

见图4-3-5、图4-3-6。

> 图4-3-5　挡土墙砌筑过程

> 图4-3-6　挡土墙砌筑完成

（7）堆砌太湖石驳岸

驳岸处可用太湖石料构筑，太湖石属于石灰岩，多为灰白色，少有黄色、青黑色。石灰岩长期经受波浪的冲击以及含有二氧化碳的水的溶蚀，在漫长的岁月里，逐步形成大自然精雕细琢、形状怪异多变、曲折圆润的太湖石。

图4-3-7、图4-3-8所示为施工人员在堆砌太湖石驳岸。

> 图4-3-7　堆砌太湖石驳岸（1）

> 图4-3-8 堆砌太湖石驳岸（2）

（8）"梅花桩"制作

见图4-3-9。

> 图4-3-9 "梅花桩"制作

（9）实景效果

见图4-3-10、图4-3-11。

> 图4-3-10 "拢音湖"实景（1）

> 图4-3-11 "拢音湖"实景（2）

4.4 亲水区建造及实景效果

亲水区是园林景观设计的又一个重点。这里以武强园"踏水听琴"建造过程为例进行说明。

展园在亲水休闲区增设特色人造雾装置系统，雾浓似云海般缥缈，云起云聚，雾淡如轻纱拂面，与湖面、景石、植物相互映衬，柔美之极。整个展园因此显得更加具有神秘感。游客漫步在弦桥之上，伴着弦桥发出的奇妙旋律，宛如身处仙境一般（图4-4-1、图4-4-2）。下面具体讲解其建造过程。

> 图4-4-1 武强园"踏水听琴"实景（1）

> 图4-4-2 武强园"踏水听琴"实景（2）

（1）开槽

根据图纸定位进行开槽（图4-4-3），注意事项如下。

> 图4-4-3 "踏水听琴"开槽

① 应当严格按照施工图纸进行定点放线，并撒上白灰或钉木桩以确定范围。

② 人工挖基坑时，操作人员之间要保持足够的安全距离，一般应大于2.5m；多台机械开挖时，挖土机的间距离应大于10m。挖土要自上而下，逐层进行，严禁先挖坡脚的危险作业。

③ 在开挖之前应明确地下是否有管线经过，防止破坏管线，造成损失。

（2）绑筋支模

对基础进行绑筋支模（图4-4-4），注意事项如下。

① 灰土垫层夯实度在达到相关规定要求之后，方可以继续施工。

② 混凝土的垫层厚度应当严格按照施工图纸的要求进行施工。

③ 先绑扎基础钢筋并预留梁、柱的预埋筋，然后浇注基础混凝土，待基础混凝土达到50%强度后进行梁、柱钢筋的绑扎。

④ 钢筋安置前要认真审核图纸，并设一名专职的有经验的钢筋施工员负责钢筋工程的制作，以及绑扎工作。

⑤ 经监理工程师等相关人员对钢筋骨架进行检查同意后，进行支模板施工，本次施工采用拼装钢模。

⑥ 模板支撑要牢固，不能跑模，板缝应严密不漏浆。当模板高度大于垫层厚度时，要在模板内侧弹线，控制垫层的高度。模板支好之后，检测模内尺寸及高程，达到设计要求之后方可浇筑、振捣。

（3）基础浇筑，模板拆除

基础浇筑（图4-4-5、图4-4-6）完成后，拆触模板，注意事项如下。

> 图4-4-4 "踏水听琴"绑筋支模

> 图4-4-5 "踏水听琴"基础浇筑

> 图4-4-6 "踏水听琴"基础浇筑完成

① 采用流态混凝土。施工过程中严格控制混凝土的质量。

② 混凝土浇注前应对模板、支架、钢筋、预埋件进行细致检查，并做好记录。钢筋上的泥土、油污、杂物应清除干净。经检验合格后再进行下一道工序。

③ 混凝土采用罐车运输，泵车浇注。搅拌时应严格按配合比进行，泵送混凝土坍落度要求15～18cm。混凝土每30cm厚振捣一次，振捣以插入式振捣器为主，要求快插慢拔，既不能漏振，也不能过振。振捣棒不能直接振捣钢筋及模板。

④ 拆模：混凝土强度达到70%方可拆除模板。

（4）墙体砌筑

进行墙体砌筑（图4-4-7），要点如下。

① 墙体平整度、垂直度要符合验收规范要求，灰缝厚度也应符合要求（8～12mm）。砌筑时，要拉水平线和吊垂线（门窗边），控制好墙体的平整度、垂直度，同时要注意灰缝收口的质量，确保墙体表面观感质量合格。

② 灰缝要饱满、水平，不得有透明缝、通缝、盲缝。特别是外墙，水平缝和垂直缝都要饱满，禁止出现透明缝和盲缝。

③ 多孔砖要提前一天浇水，砌筑时应保证多孔砖湿润。做到工完场清，不可浪费材料。

> 图4-4-7 墙体砌筑

（5）整体绑筋支模、浇筑

对整体进行绑筋绑扎（图4-4-8），并进行浇筑（图4-4-9）。注意事项如下。

① 模板质量应当严格符合相关规范。

② 框架柱采用覆膜养护，拆模后应及时采用塑料薄膜和胶带纸将柱子封闭，应保持薄膜内有凝结水。

> 图4-4-8　绑筋绑扎

> 图4-4-9　浇筑完成

4.5　景观小品建造及实景效果

在很多景观项目中，往往都会有景观小品设计，比如装置、雕塑、壁画、水车、风车、座椅、指示牌等，用来点缀景观空间，突出景观特色。

4.5.1　装置建造及实景效果

亲水是人的天性，除了建造人工湖，现代园林还可以建造一些水景装置，让人与水产生互动，增进赏游之趣。

图4-5-1、图4-5-2展示了武强园水景装置——流水幕墙的实景效果。

下面具体对该水景装置的施工过程进行解说。该工程采用了刚性结构水池即钢筋混凝土水池施工技术，池底和池壁均配有钢筋，因此寿命长、防渗性好，适用于大部分水池。

钢筋混凝土水池的施工过程可分为：材料准备→池面开挖→池底施工→浇筑混凝土池壁→混凝土抹灰→试水等。下面对几个重要步骤进行解析。

> 图4-5-1 流水幕墙实景（1）

> 图4-5-2 流水幕墙实景（2）

（1）根据设计图纸定点放线

① 放线时，水池的外轮廓应包括池壁厚度。为使施工方便，池外沿各边加宽50cm，用石灰或黄沙放出起挖线，每隔5～10m（视水池大小）打一个小木桩，并标记清楚（图4-5-3）。

② 方形（含长方形）水池，直角处要校正，并最少打三个桩；圆形水池，应先定出水池的中心点，再用足够长的线绳以该点为圆心、水池宽的一半为半径（注意池壁厚度）画圆，用石灰标明，即可画出圆形的轮廓。

> 图4-5-3　定点放线

（2）基池开挖

目前挖土方的方式分为人工挖土方和人工结合机械挖方两种，可以根据现场施工条件来确定挖方的方法。开挖时一定要考虑池底和池壁的厚度（图4-5-4）。

如果是下沉式水池，应做好池壁的保护，挖至设计标高后，池壁应整平并夯实，再铺上一层碎石、碎砖作为底座。如果池壁设置有沉泥池，应在池底开挖的同时施工。

（3）池底施工

混凝土池底的水池，如果形状比较规整，50m内可不做伸缩

> 图4-5-4　基池开挖

> 图4-5-5　池底浇筑混凝土垫层

缝。如果形状变化较大，则在其长度约20m处并在其断面狭窄处做伸缩缝。一般池底可根据景观需要，进行色彩上的渲染，如粘贴彩色瓷砖等，以增加美感。

混凝土池底施工过程如下。

① 依据情况进行处理。如基土稍湿且松软，可在其上铺厚10cm的碎石层，并加以夯实，然后浇筑混凝土垫层（图4-5-5）。

② 混凝土垫层浇完隔1～2天（视施工时温度而定），在垫层面测量确定地板的中心，然后根据设计尺寸进行放线，定出柱基一级底板的边线，画出钢筋布线，根据放线绑扎钢筋（图4-5-6），接着安装柱基和底板外围的模板。

③ 在绑扎钢筋时，应当详细检查钢筋的直径、间距、位置、搭接长度、上下层钢筋的间距、保护层及预埋件

> 图4-5-6　根据放线绑扎钢筋

> 图4-5-7　绑扎钢筋检查

的位置和数量，看其是否符合设计要求（图4-5-7）。

上下层钢筋均应采用铁掌（铁马凳）加以固定，使其在浇捣过程中不易发生变化。如钢筋过水后生锈，应当进行除锈。

（4）池壁施工

人造水池一般采用垂直形池壁。垂直形的优点是池水降落后，不至于在池壁淤积泥土，同时易于保持水面的洁净。

垂直形池壁可用砖石或水泥砌筑，用瓷砖、罗马砖等作为饰面，拼成图案加以装饰。

① 混凝土浇筑池壁的施工技术

A.做水泥池壁尤其是矩形钢筋混凝土池壁时，应先做模板加以固定，一般池壁厚度为15～25cm，当矩形池壁较厚时，内外模可在钢筋绑扎完毕后一次立好。

B.浇捣混凝土时，操作人员应进行模内振捣，并应用串筒将混凝土灌入，分层浇捣。矩形池壁拆模后，应将外露的止水螺栓头割去。

C.底板应一次性连续浇完，不留施工缝。施工的间歇时间不得超过混凝土的初凝时间，如果混凝土在运输过程中产生初凝或离析现象，应在现场进行二次搅拌后才可入模浇捣。

② 池壁施工要点

A.水池施工时所用的水泥标号不得低于425号，水泥品种应优先选用普通硅酸盐水泥，不宜采用粉煤灰硅酸盐水泥和火山灰质硅酸盐水泥。所有石子的最大粒径不宜大于40mm，吸水率不宜大于1.5%。

B.固定模板用的铁丝和螺栓不宜直接穿过池壁。当螺栓或套管必须穿过池壁时，应采取止水措施。常见的止水措施有：螺栓（图4-5-8）加焊止水环（图4-5-9），止水环应满焊，环数应根据池壁厚度来确定；套管加焊止水环，在混凝土中预埋套管时，管外侧应加焊止水环，管中穿螺栓，拆模后将螺栓取出，套管内用膨胀水泥砂浆封堵；螺栓加堵头，支模时，在螺栓两侧加堵头，拆模后，应将螺栓沿平凹坑底割去角，用膨胀水泥砂浆封塞严密。

C.浇注池壁混凝土的时候，应连续施工，一次浇注完毕，不留施工缝。

D.池壁有密集管群穿过预埋件或钢筋稠密处浇注混凝土有困难时，可采用相同抗渗等级的细石混凝土浇注。

E.浇注混凝土完毕后，应立即进行养护，并保持充分湿润，掩护时间不得少于14天，拆模时池壁表面温度与周围气味温差不得超过15℃。

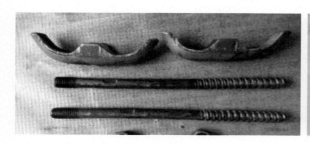

> 图4-5-8 螺栓

> 图4-5-9 止水环

③ 混凝土砖砌筑池壁施工技术

A.用混凝土砖砌筑池壁可大大简化混凝土施工的程序，但混凝土砖一般只适用古典风格或设计规整的池塘。混凝土砖10cm厚，结实耐用，常用于池塘的建造；用混凝土砖砌筑池壁的好处是，池壁可以在池底浇筑完工后的第二天再砌。

B.要趁池底混凝土未干时，将边缘处拉毛，池底与池壁相交处的钢筋要向上弯伸入池壁，以加强结合部的强度，钢筋伸到混凝土砌体的池壁后或池壁中间。

4.5.2　景观小品建造及实景效果

接下来以饶阳园葡萄架为例，展现与植物造景相关的景观小品的建造过程。

本项目中的葡萄架采用了防腐木。这是一种新型的建筑材料，不仅表面美观，可防腐、防虫、防水，并且结实、体轻、加工功能性强、寿数长、节约环保，常用在花园、天台、阳台装饰中，给人以质朴、新鲜、天然、温馨的感受。

饶阳园葡萄架施工过程：采购选料→加工木柱及木枋和角钢→对半成品进行防腐基础处理→核查半成品→现场放线定位→安装角钢→对预埋件（包括柱形杯口基础）检查和处理→安装木柱及木枋→对半成品进行防腐处理→刷防腐面漆。

（1）选料

组织设计建设单位、监理单位对木材市场、产地实地考察确定供货单位，签订供货合同。组织责任性强、经验丰富、技术好的木工团队，对供货单位仓库的库存材料进行筛选，选择的材质要质地坚韧、材料挺直、比例匀称、正常无霉变、无裂缝、色泽一致、干燥。

> 图4-5-10　榫卯结构安装

（2）加工制作

木工放样应按设计要求的木料规格，逐根进行榫穴、榫头划墨，画线必须正确。操作木工应按要求分别加工制作，榫要饱满，眼要方正，半榫的长度应比半眼的深度短2～3mm（图4-5-10）。

（3）木花架安装

安装前要预先检查木花架制作的尺寸、螺栓的位置（图4-5-11），对成品加以检查，进行校正规方。如有问题，应事先修理好。预先检查固定木花架的预埋件的埋设是否牢固、预埋位置是否准确等。

> 图4-5-11　螺栓固定

（4）安装木柱及防腐木网格

先在素混凝土上垫层弹出各木柱的安装位置线及标高。间距应满足设计要求。将木柱放正、放稳，并找好标高，按设计要求的方法固定（图4-5-12）。

> 图4-5-12　木柱安装

把钉斜向钉入防腐木支柱，钉长为额枋厚度的1～1.2倍。固定完之后及时清理干净。木材的材质和铺设时的含水率必须符合木结构工程施工及验收规范的有关规定。

（5）刷防腐面漆

木制品及金属制品必须在安装前按规范进行半成品防腐基础处理，安装完成后立即进行防腐施工（图4-5-13）。若遇雨雪天气必须采取防水措施，不得让半成品受淋至湿，更不得在湿透的成品上进行防腐施工，要确保成品防腐质量合格。

> 图4-5-13　刷防腐面漆

成品保护：

① 木作材料和半成品进现场后，经检验合格，应码放在室内，分规格码放整齐，使用时轻拿轻放，不可以乱扔乱堆，以免损坏棱角。

② 施工时，在木枋上操作人员要穿软底鞋，且不得在木柱和木枋上敲砸，防止损坏面层。

③ 木花架施工中注意环境温度、湿度的变化，竣工前覆盖塑料薄膜，防止半成品受潮。

设计时应注意的问题：

① 综合考虑园林景观所在地区的气候、地域条件、植物特性以及花架在园林中的功能作用等因素。

② 应注意比例尺寸。廊架本身是一件艺术品，在绿茵遮掩下更能突出它的优美姿态，即便是秋季落叶时节，也应注意比例尺寸、选材和必要的装修。廊架体型不宜太大，太大了不易做得轻巧，太高了不易荫蔽而显空旷，应尽量接近自然。花架的柱高不能低于2m，也不要高出3m，廊宽也要在2～3m之间。

③ 花架的造型不可刻意求奇，否则会喧宾夺主，冲淡花架植物造景的作用，但可以在线条、轮廓、空间组合的某一方面有独到之处，成为一个优美的主景花架。

④ 花架的四周一般都较为通透开敞，除了做支持的墙、柱，没有围墙门窗。花架的上下两个平面也不一定要求对称或相似，可以自由伸缩交叉、相互引申，使花架置身于园林之内，融汇于自然之中。

（6）葡萄架实景

见图4-5-14、图4-5-15。

> 图4-5-14 饶阳园葡萄架实景（1）

> 图4-5-15　饶阳园葡萄架实景（2）

4.6　其他实景效果展示

图4-6-1～图4-6-7展示了园林景观设计中常见的其他实景。

> 图4-6-1　饶阳园"曲廊"实景

> 图4-6-2　饶阳园
"琵琶新语"实景

> 图4-6-3　饶阳园次入口实景

> 图4-6-4　武强园"音破云天"实景

> 图4-6-5 武强园次
  入口实景

> 图4-6-6 武强园
  展馆实景

> 图4-6-7 武强园透雕
  景墙实景

参考文献

[1]　（美）诺曼K·布思.风景园林设计要素[M].曹礼昆，曹德鲲译.北京：中国林业出版社，1989.

[2]　吴为廉.景观与景园建筑工程规划设计[M].中国建筑工业出版社，2005.

[3]　（美）麦克哈格.设计结合自然[M].芮经纬译.天津：天津大学出版社，2006.

[4]　刘滨谊.现代景观规划设计[M].南京：东南大学出版社，2010.

[5]　彭一刚.中国古典园林分析[M].北京：中国建筑工业出版社，1986.

[6]　刘滨谊.现代景观规划设计[M].南京：东南大学出版社，2010.

[7]　沈守云.现代景观设计思潮[M].武汉：华中科技大学出版社，2009.

[8]　陈玲玲.景观设计[M].北京：北京大学出版社，2012.

[9]　张艳芳.中国传统图形在现代环境小品设计中的研究[D].武汉：武汉理工大学，2008.

[10]　余斌.基于地域文化的园林景观小品设计研究[D].福州：福建农林大学，2013.